A FASCINANTE HISTÓRIA DA MATEMÁTICA

MICKAËL LAUNAY

A FASCINANTE HISTÓRIA DA MATEMÁTICA

DA PRÉ-HISTÓRIA AOS DIAS DE HOJE

Tradução
Clóvis Marques

5ª Edição

Rio de Janeiro | 2023

Copyright © Editions Flammarion, Paris, 2016

Título original: *Le grand roman des maths*

Capa: Renan Araujo

Texto revisado segundo o novo
Acordo Ortográfico da Língua Portuguesa

2023
Impresso no Brasil
Printed in Brazil

CIP-BRASIL. CATALOGAÇÃO NA PUBLICAÇÃO
SINDICATO NACIONAL DOS EDITORES DE LIVROS, RJ

L398f
5ª ed.

Launay, Mickaël, 1984-
    A fascinante história da matemática: da pré-história aos dias de hoje / Mickaël Launay; tradução Clóvis Marques; revisão da tradução Anna Maria Sotero. – 5ª ed. – Rio de Janeiro: Bertrand Brasil, 2023.
    ; 23 cm.

    Tradução de: Le grand roman des maths
    Inclui bibliografia
    ISBN 978-85-2862-418-2

    1. Matemática – Matemática. I. Marques, Clóvis. II. Sotero, Anna Maria. III. Título.

19-56887

CDD: 510.9
CDU: 51(091)

Meri Gleice Rodrigues de Souza – Bibliotecária – CRB-7/6439

INSTITUT FRANÇAIS

Cet ouvrage, publié dans le cadre du Programme d'Aide à la Publication 2018 Carlos Drummond de Andrade de l'Institut Français du Brésil, bénéficie du soutien du Ministère des Affaires Étrangères et du Développement International.

Este livro, publicado no âmbito do Programa de Apoio à Publicação 2018 Carlos Drummond de Andrade do Instituto Francês do Brasil, contou com o apoio do Ministério Francês das Relações Exteriores e do Desenvolvimento Internacional.

Todos os direitos reservados. Não é permitida a reprodução total ou parcial desta obra, por quaisquer meios, sem a prévia autorização por escrito da Editora.

Direitos exclusivos de publicação em língua portuguesa somente para o Brasil adquiridos pela:
EDITORA BERTRAND BRASIL LTDA.
Rua Argentina, 171 – 3º andar – São Cristóvão
20921-380 – Rio de Janeiro – RJ
Tel.: (21) 2585-2000

Atendimento e venda direta ao leitor:
sac@record.com.br

Sumário

1. Matemáticos sem sabê-lo — 11
2. E se criou o número — 25
3. Só entra aqui quem for geômetra — 37
4. O tempo dos teoremas — 51
5. Um pouco de método — 69
6. De π a pior — 81
7. Nada e menos que nada — 95
8. A força dos triângulos — 107
9. Rumo ao desconhecido — 123
10. O que veio depois — 135
11. Mundos imaginários — 145
12. Uma linguagem para a matemática — 159
13. O alfabeto do mundo — 175
14. O infinitamente pequeno — 189
15. Medir o futuro — 201
16. O advento das máquinas — 219
17. Matemática do futuro — 235

Epílogo — 251
Para aprofundar — 255
Bibliografia — 259

— *Ah, eu sempre fui um zero à esquerda em matemática!*

Eu já ando meio calejado. Deve ser a décima vez que ouço essa frase hoje.

Mas lá se vão uns bons quinze minutos que essa senhora parou no meu quiosque, no meio de um grupo de transeuntes, e está atentamente me ouvindo apresentar diversas curiosidades geométricas. Foi então que lhe veio a frase.

— *Mas, além disso, o senhor faz o que da vida?* — *perguntou-me.*

— *Sou matemático.*

— *Ah, eu sempre fui um zero à esquerda em matemática!*

— *É mesmo? Mas parecia interessada no que acabo de contar.*

— *Sim... mas isto não é matemática de verdade... é perfeitamente compreensível.*

Ora, vejam só! Essa eu nunca tinha ouvido. Quer dizer que a matemática seria, por definição, uma disciplina impossível de entender?

Estamos no início de agosto, Curso Félix Faure, em La Flotte-en-Ré. Na feirinha, tenho à minha direita um quiosque de tatuagem de hena e tranças africanas, à minha esquerda, um vendedor de acessórios para celulares, e à frente uma barraca de bijuterias e bugigangas de todo tipo. No meio de tudo isso, montei meu quiosque de matemática. No frescor da noite, os veranistas passeiam com tranquilidade. Eu gosto particularmente de fazer matemática *nos lugares mais estranhos. Onde as pessoas menos esperam. Onde não estão prevenidas...*

— *Quando disser aos meus pais que estudei matemática nas férias...!* — *comenta um estudante de ensino médio passando por aqui na volta da praia.*

E é verdade, eu os pego de uma forma meio traiçoeira. Mas o que posso fazer? É um dos meus momentos favoritos. Observar a expressão de pessoas que se consideravam irremediavelmente brigadas com a matemática no momento em que lhes mostro que passaram quinze minutos fazendo matemática. E o meu quiosque está sempre cheio! Nele, apresento origamis, passes de mágica, jogos, charadas... Tem de tudo para todos os gostos e idades.

Porém, por mais que eu me divirta, no fundo, fico triste. Como é que chegamos ao ponto de precisar esconder das pessoas que elas estão fazendo matemática para sentirem algum prazer? Por que a palavra causa tanto medo? Pois uma coisa é certa: se eu tivesse posto na minha mesa um cartaz dizendo "Matemática" com a mesma visibilidade das palavras "bijuteria e colares", "celulares" ou "tatuagem" dos quiosques vizinhos, não teria um quarto deste sucesso. As pessoas não parariam aqui. Talvez até desviassem o passo e o olhar.

O fato é que a curiosidade existe. Eu a constato diariamente. A matemática dá medo, mas fascina ainda mais. Não é amada, mas todo mundo gostaria de amá-la. Ou pelo menos ser capaz de dar uma olhada indiscreta em seus tenebrosos mistérios. As pessoas tendem a achar que eles são inacessíveis, o que não é verdade. É perfeitamente possível gostar de música sem ser músico ou compartilhar uma bela refeição sem ser um grande cozinheiro. Por que, então, seria necessário ser matemático ou ter uma inteligência excepcional para entrar no mundo da matemática ou deixar a mente ser provocada pela álgebra ou pela geometria? Não é necessário entrar nos detalhes técnicos para entender as grandes ideias e se maravilhar com elas.

Desde o início dos tempos, quantos não foram os artistas, criadores, inventores, artesãos ou simplesmente sonhadores e curiosos que fizeram matemática sem sabê-lo?! Matemáticos contra a vontade. Eles foram os primeiros a fazer perguntas, os primeiros pesquisadores, os primeiros a dar tratos à bola. Se quisermos entender o porquê da matemática, precisamos ir ao seu encalço, pois foi com eles que tudo começou.

Então está na hora de começar uma viagem. Se assim quiserem, permitam-me nestas páginas levá-los comigo pelos meandros de uma das disciplinas mais fascinantes e incríveis praticadas pela espécie humana. Sigamos ao encontro daqueles e daquelas que fizeram sua história, em meio a descobertas inesperadas e ideias fabulosas.

Vamos iniciar juntos o grande romance da matemática.

1
Matemáticos sem sabê-lo

É em Paris, no Museu do Louvre, no coração da capital, que decido iniciar nossa investigação. Matemática no Louvre? Pode parecer estranho. A antiga residência real transformada em museu se apresenta hoje como território de pintores, escultores, arqueólogos e historiadores, muito mais que de matemáticos. Mas é aqui mesmo que nos preparamos para restabelecer contato com as primeiras marcas deixadas por eles.

Assim que chegamos, o surgimento da grande pirâmide de vidro montada no centro do Pátio Napoleão se apresenta como um convite à geometria. Mas hoje tenho encontro marcado com um passado muito mais antigo. Entro no museu e a máquina do tempo é acionada. Passo diante dos reis da França e recuo para o Renascimento e a Idade Média até chegar à Antiguidade. As salas se sucedem. Cruzo com algumas estátuas romanas, vasos gregos e sarcófagos egípcios. Mas vou um pouco mais adiante. Agora estou entrando na pré-história e, abarcando séculos, tenho aos poucos de ir esquecendo tudo. Esquecer os números. Esquecer a geometria. Esquecer a escrita. No início, ninguém sabia nada. Nem sequer que havia algo a saber.
Primeira parada: Mesopotâmia. Voltamos dez mil anos no tempo.

Pensando bem, eu poderia ir mais longe. Recuar um milhão e meio de anos a mais para me encontrar em pleno coração do paleolítico. Nessa época, o fogo ainda não foi domesticado e o *Homo sapiens* não passa de um projeto distante. Estamos no reino do *Homo erectus* na Ásia, do *Homo ergaster* na África, e talvez de alguns outros primos que ainda não foram descobertos. É a época da pedra talhada. A moda é o biface.

Num recanto do acampamento, os entalhadores trabalham. Um deles pega um bloco de sílex ainda virgem, colhido horas antes. Senta-se no chão — provavelmente de pernas cruzadas, na posição "do entalhador" —, põe a pedra a sua frente, prende-a com uma das mãos e, com a outra, golpeia sua borda com uma pedra maciça. Uma primeira lasca se desprende. Ele observa o resultado, volta a pegar o sílex e golpeia de novo, do outro lado. As duas primeiras lascas assim extraídas, frente a frente, deixam uma aresta cortante na borda do sílex. Agora basta repetir a operação em todo o contorno. Em determinados lugares, o sílex é espesso demais ou largo demais, sendo necessário retirar pedaços maiores para conferir ao objeto final a forma desejada.

Pois a forma do biface não é deixada ao acaso nem à inspiração do momento. Ela é pensada, trabalhada, transmitida de geração a geração. Encontramos diferentes modelos, em função da época e do lugar de fabricação. Alguns têm a forma de uma gota d'água com ponta saliente, outros, mais arredondados, apresentam o contorno de um ovo, e outros ainda se aproximam mais de um triângulo isósceles de lados ligeiramente arqueados.

Biface do paleolítico inferior

Mas todos têm um ponto em comum: um eixo de simetria. Haveria um aspecto prático nessa geometria ou terá sido simplesmente uma intenção estética que levou nossos antepassados a adotar essas formas? Difícil saber. O certo é que essa simetria não pode ser fruto do acaso. O entalhador precisava premeditar o golpe. Pensar na forma antes de realizá-la. Construir uma imagem mental, abstrata, do objeto a ser executado. Em outras palavras, fazer matemática.

Ao concluir a operação, o entalhador observa sua nova ferramenta, segurando-a na luz para melhor examinar o formato, reajusta o gume em alguns pontos, com dois ou três pequenos golpes adicionais, e finalmente fica satisfeito. Qual o seu sentimento nesse instante? Será que já sente esse formidável entusiasmo da criação científica: ter sido capaz, mediante uma ideia abstrata, de apreender e modelar o mundo exterior? Não importa: os grandes momentos da abstração ainda não chegaram. A época é de pragmatismo. O biface poderá ser usado para entalhar madeira, cortar carne, furar peles ou cavar a terra.

Mas não, não iremos tão longe. Vamos deixar essa época antiga adormecida, assim como essas interpretações talvez um pouco arriscadas, para voltar àquele que será o verdadeiro ponto de partida da nossa aventura: a região mesopotâmica de 8.000 a.C.

Ao longo do Crescente Fértil, numa região que cobre aproximadamente aquele que viria a ser um dia o Iraque, a revolução neolítica está em marcha. Há algum tempo já, populações se instalam por aqui. Nos planaltos do Norte, a sedentarização é um sucesso. A região serve de laboratório para todas as mais recentes inovações. As casas de tijolo de barro formam as primeiras aldeias, e os construtores mais corajosos já acrescentam inclusive um segundo andar. A agricultura é uma tecnologia de ponta. A generosidade do clima permite cultivar a terra sem irrigação artificial. Animais e plantas são, aos poucos, domesticados. A olaria está para entrar em cena.

Vamos falar, então, justamente da olaria! Pois se muitos depoimentos sobre essas épocas desapareceram, perdidos para sempre nos caminhos do tempo, existem outros que são colhidos pelos arqueólogos aos milhares: potes, vasos, jarros, pratos, tigelas... Ao meu redor, aqui no Louvre, as vitrines estão cheias deles. Os primeiros datam de nove mil anos atrás, e, de sala em sala, como se fossem pedrinhas do Pequeno Polegar, eles nos vão guiando pelos séculos. São de todos os tamanhos, de todas as formas e ornamentados de maneiras diferentes, esculpidos, pintados ou gravados. Podem ter pés ou alças. Há os que estão intactos, os rachados, quebrados, reconstituídos. De alguns restam apenas fragmentos.

A cerâmica é a primeira arte do fogo, muito antes do bronze, do ferro e do vidro. A partir da argila, massa de terra maleável encontrada em abundância nessas regiões úmidas, os artesãos ceramistas modelam os objetos a seu gosto. Quando chegam à forma desejada, basta deixar secar durante alguns dias e depois cozer no fogo para solidificar tudo. Essa técnica é conhecida há muito tempo. Vinte mil anos antes já era usada para fazer estatuetas. Mas só recentemente, com a sedentarização, surgiu a ideia de se valer dela para produzir objetos de uso cotidiano. O novo modo de vida requer formas de armazenagem, e assim potes são fabricados sem parar!

Esses recipientes de terra cozida logo se transformam em objetos indispensáveis da vida cotidiana, necessários para a organização coletiva da aldeia. E assim, já que a louça é feita para durar, que pelo menos seja bela. Então as cerâmicas passam a ser decoradas. E, também aqui, são várias as escolas. Alguns imprimem seus padrões na argila ainda fresca, valendo-se de uma simples concha ou de um graveto, para em seguida levar ao cozimento. Outros cuidam primeiro do cozimento, para só então gravar a decoração com pedras talhadas. Outros ainda preferem pintar a superfície com pigmentos naturais.

Percorrendo as salas do Departamento de Antiguidades Orientais, fico impressionado com a riqueza dos padrões geométricos imaginados pelos mesopotâmicos. Como no caso do biface do nosso antigo entalhador de pedras, certas simetrias são engenhosas demais para não terem sido cuidadosamente premeditadas. Os frisos traçados nas bordas desses vasos atraem minha atenção e um jeito especial.

Esses frisos são faixas adornadas com um mesmo padrão que se repete em toda a circunferência do pote. Entre os mais frequentes, temos os padrões serrilhados triangulares. Há também os padrões de dois cordões que se enrolam. E depois surgem os frisos com espigas, com seteiras quadradas, losangos pontudos, triângulos sombreados, círculos encaixados...

Passando-se de uma zona ou de uma época a outra, vão surgindo diferentes modas. Certos padrões se popularizam. São retomados, transformados, aperfeiçoados em múltiplas variantes. Até que, séculos mais tarde, parecem abandonados, esquecidos, substituídos por outros desenhos mais ao gosto da época.

Vendo-os desfilar uns após os outros, meu olho de matemático se ilumina. Vejo neles simetrias, rotações, translações. E então começo a classificá-los, organizá-los mentalmente. Certos teoremas dos meus anos de estudos voltam à memória. Uma classificação das transformações geométricas: é disso que preciso. Pego um bloco e um lápis e começo a rabiscar.

Para começar, temos as rotações. Diante de mim tenho justamente um friso composto de padrões em forma de "S", encaixados uns por trás dos outros. Eu viro a cabeça para me convencer por completo. Sim, com certeza, este não varia quando visto no sentido contrário: se eu pegar o jarro e pousá-lo de ponta-cabeça, a aparência do friso continuará exatamente a mesma.

Depois vêm as simetrias. Elas são de vários tipos. Aos poucos, completo minha lista e inicio uma caça ao tesouro. Para cada transformação geométrica, busco o friso correspondente. Passo de uma sala a outra, volto. Certas peças estão danificadas, e eu tenho de estreitar os olhos para tentar reconstituir os padrões impressos nessa argila há milênios. Quando encontro mais um, eu o assinalo. E olho as datas para tentar reconstituir a cronologia de sua criação.

Quantos deverão ser encontrados, no total? Com um pouco de reflexão, enfim consigo chegar ao famoso teorema. Existem, no total, sete categorias de frisos. Sete grupos de transformações geométricas diferentes que podem mantê-los constantes, sem variações. Nem um a mais, nem um a menos.

Naturalmente, isso os mesopotâmicos não sabiam. Claro, a teoria de que tratamos só começaria a ser formalizada no Renascimento! E, no entanto, sem que o imaginassem, e sem nenhuma outra pretensão senão adornar sua cerâmica com traçados harmoniosos e originais, esses oleiros pré-históricos estavam fazendo os primeiros raciocínios de uma disciplina fantástica que viria a agitar toda uma comunidade de matemáticos milhares de anos depois.

Consulto minhas anotações, tenho aqui quase todos eles. Quase! Ainda não encontrei um desses sete frisos. De certa forma eu já esperava isso, pois trata-se do mais complicado da lista. Estou buscando um friso que, refletido horizontalmente, tenha a mesma aparência, mas que esteja transladado metade do comprimento de um padrão do friso. Hoje em dia, damos a isso o nome de reflexão com translação, ou simetria de reflexão deslizante. Um verdadeiro desafio para nossos mesopotâmicos!

Mas ainda estou longe de ter percorrido todas as salas, de modo que não perco a esperança. Continuo na busca. Observo os menores detalhes, os menores indícios. As outras seis categorias que já observei, acumulam-se. No meu caderno, datas, desenhos e outros rabiscos se sobrepõem. Apesar disso, nenhum sinal ainda do misterioso sétimo friso.

MATEMÁTICOS SEM SABÊ-LO

De repente, uma descarga de adrenalina. Numa das vitrines, vejo uma peça de aparência meio pobre, um simples fragmento. Mas nela há, do topo à base, quatro frisos parciais, porém bem visíveis, e um deles subitamente desperta a minha atenção. O terceiro, de cima para baixo. É formado aparentemente por fragmentos de retângulos inclinados que se encaixam como em uma espiga. Eu pisco. Observo atentamente, esboço com rapidez o padrão no meu caderno, como se temesse que ele viesse a desaparecer diante dos meus olhos. É a geometria esperada. Trata-se efetivamente da simetria de reflexão deslizante. O sétimo friso enfim foi desmascarado.

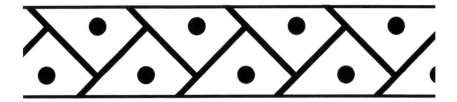

Ao lado da peça, os dizeres: *Fragmento de caneca com decoração horizontal de barras e losangos — Meados de 5.000 a.C.*

Eu volto a situá-la mentalmente na minha cronologia. Meados de 5.000 a.C. Ainda estamos na pré-história. Mais de mil anos antes da invenção da escrita, os oleiros mesopotâmicos já tinham listado, sem sabê-lo, todos os casos de um teorema que só seria enunciado e demonstrado seis mil anos depois.

Algumas salas adiante, encontro um jarro de três alças que também se encaixa na sétima categoria: embora o padrão tenha se transformado numa espiral, a estrutura geométrica é a mesma. Pouco adiante, encontro outro. Eu quero continuar, mas de repente o cenário muda, cheguei ao fim das coleções orientais. Se prosseguir, passo para a Grécia. Lanço um último olhar às minhas anotações: os frisos de simetria de reflexão deslizante podem ser contados nos dedos de uma das mãos. Por pouco.

Como reconhecer as 7 categorias de frisos?

A primeira categoria é a dos frisos... que não têm nenhuma propriedade geométrica particular. Apenas um padrão que se repete, sem simetrias nem centros de rotação. É o caso, em particular, dos frisos que não se baseiam em figuras geométricas, mas em desenhos figurativos, como, por exemplo, animais.

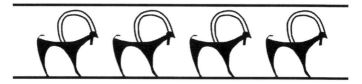

A segunda categoria é aquela em que a linha horizontal que corta o friso em dois é um eixo de simetria, são as simetrias de reflexão horizontal.

A terceira categoria reúne os frisos que têm um eixo de simetria vertical, são as simetrias de reflexão vertical. Como o friso consiste num padrão que se repete horizontalmente, os eixos de simetria vertical também se repetem.

A quarta categoria é a dos frisos invariantes por uma rotação de meia volta. Sejam esses frisos contemplados de cabeça para cima ou de cabeça para baixo, veremos sempre a mesma coisa.

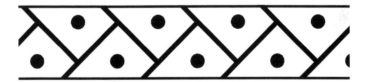

A quinta categoria é a das simetrias de reflexão deslizante. É a famosa categoria que descobri por último na Mesopotâmia. Se refletirmos um desses frisos em relação ao eixo de simetria horizontal (o mesmo da segunda categoria), o friso obtido é semelhante, mas transladado metade do comprimento de um padrão do friso, que neste caso é um retângulo cortado, ou seja, a parte refletida é deslizada lateralmente uma distância que é a metade do comprimento do friso padrão, o que faz com que o desenho final lembre uma espiga.

A sexta e a sétima categorias não correspondem a novas transformações geométricas, mas combinam várias simetrias encontradas nas categorias anteriores. Assim, os frisos da sexta categoria são os que têm ao mesmo tempo simetrias de reflexões horizontais, de reflexões verticais e de rotações de meia-volta.

Cabe notar que essas categorias dizem respeito apenas à estrutura geométrica dos frisos, não impedindo algumas variações na forma dos padrões. Desse modo, os frisos seguintes, apesar de diferentes, pertencem todos à sétima categoria.

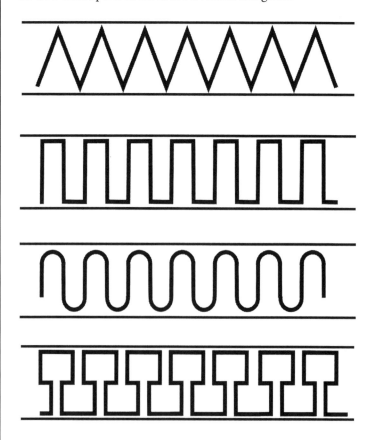

> Portanto, todos os frisos que possam ser imaginados pertencem a uma dessas sete categorias. Qualquer outra combinação é geometricamente impossível. Curiosamente, as duas últimas categorias são as mais frequentes. É mais fácil desenhar de forma espontânea figuras com muitas simetrias do que figuras que tenham poucas.

Satisfeito com meus êxitos mesopotâmicos, já no dia seguinte eu me disponho a investir contra a Grécia antiga. Mal chego, nem sequer sei para onde olhar. Aqui, a caça aos frisos é uma brincadeira de criança. Bastam alguns passos, algumas vitrines, algumas ânforas negras com figuras vermelhas e já encontrei minha lista de sete frisos.

Diante de tal abundância, rapidamente abro mão das minhas estatísticas, como fizera na Mesopotâmia. A criatividade desses artistas é impressionante. Surgem novos padrões, cada vez mais complexos e engenhosos. Em várias oportunidades, preciso parar e me concentrar para deslindar mentalmente todos esses ornamentos entrelaçados que se sucedem e rodopiam ao meu redor.

Numa das salas, um lutróforo com uma figura vermelha me deixa sem voz.

Um lutróforo é um vaso longo com duas alças para transportar as águas do banho, e este que tenho diante de mim tem cerca de um metro de altura. Ele apresenta grande variedade de frisos, e começo a enumerá-los por categorias. Um. Dois. Três. Quatro. Cinco. Em alguns segundos, identifico cinco das sete estruturas geométricas. O vaso está junto à parede, mas, me inclinando um pouco, verifico que há uma sexta categoria em seu lado oculto. Falta apenas uma. Seria bom demais. Surpreendentemente, a ausente não é a mesma da véspera. Os tempos mudaram, as modas também, e não é mais a simetria de reflexão deslizante que falta, mas a combinação formada por simetria de reflexão vertical, simetria de rotação e simetria de reflexão deslizante.

Começo a procurá-la freneticamente, escaneio com o olhar até os últimos recantos do objeto. Mas não encontro. Meio decepcionado, já estou a ponto de desistir quando meus olhos param num detalhe. No centro do vaso é representada uma cena com dois personagens. À primeira vista, não parece haver um friso nessa área. Mas, abaixo da cena, à direita, um objeto chama minha atenção: um vaso sobre o qual está apoiado o personagem central. Um vaso desenhado no vaso! Esse chamado "efeito de abismo" já basta para me trazer um sorriso aos lábios. Estreito os olhos, a imagem está um pouco danificada, mas não resta a menor dúvida: o vaso desenhado no vaso apresenta um friso, e — milagre! — é exatamente aquele que faltava!

Apesar do meu insistente empenho, eu não viria a encontrar nenhuma outra peça apresentando a mesma particularidade. Em seu gênero, esse lutróforo parece de fato singular nas coleções do Louvre: o único que apresenta as sete categorias de frisos.

Adiante, outra surpresa me aguarda. Frisos em 3D! E eu que achava que a perspectiva era uma invenção do Renascimento. Zonas sombreadas e claras, habilmente dispostas pelo artista, redundam num jogo de sombra e luz, conferindo um efeito de volume às formas geométricas contínuas na circunferência do gigantesco recipiente.

Quanto mais eu avanço, mais me deparo com novas questões. Certas peças não são revestidas de frisos, mas de calçamento. Em outras palavras, os padrões geométricos não se limitam a preencher uma estreita barra ao redor do objeto, mas invadem toda a sua superfície, multiplicando assim as possibilidades de combinações geométricas.

Depois dos gregos, vêm os egípcios, os etruscos e os romanos. Eu me deparo com imitações de rendilhados talhadas diretamente na pedra. Os fios de pedra se entrelaçam, passando ora por cima, ora por baixo de uma rede perfeitamente regular. Depois, como se as obras não bastassem, logo me surpreendo observando o próprio Louvre. Os tetos, os ladrilhos, os portais. Ao voltar para casa, tenho a sensação de não conseguir mais parar. Na rua, olho para as varandas dos prédios, os padrões nas roupas das pessoas, as paredes dos corredores do metrô...

Basta mudar o olhar que dirigimos ao mundo para ver surgir a matemática. Sua busca é fascinante e sem fim.

E a aventura está apenas começando.

2

E se criou o número

Nessa época, na Mesopotâmia, as coisas aconteceram depressa. No fim do quarto milênio a.C., as pequenas aldeias que visitamos anteriormente se transformaram em cidades prósperas. Algumas já reúnem agora dezenas de milhares de habitantes! Nelas, as tecnologias progridem como nunca antes se viu. Sejam arquitetos, ourives, ceramistas, tecelões, marceneiros ou escultores, os artesãos precisam dar mostra de um engenho constantemente renovado para enfrentar os desafios técnicos com que se deparam. A metalurgia ainda não foi plenamente desenvolvida, mas está em expansão.

Aos poucos, uma rede de estradas é traçada em toda a região. Multiplicam-se as trocas culturais e comerciais. Hierarquias cada vez mais complexas são estabelecidas e o *Homo sapiens* descobre as alegrias da administração. Tudo isso requer uma considerável organização! Para garantir um mínimo de ordem, já é tempo de nossa espécie inventar a escrita e entrar na História. Nessa revolução que está por vir, a matemática vai desempenhar um papel de vanguarda.

Seguindo o curso do Eufrates, vamos agora deixar para trás os planaltos do Norte, que assistiram ao nascimento das primeiras aldeias sedentárias, e tomar a direção da região da Suméria, nas planícies da Baixa Mesopotâmia. É aqui, nas estepes do Sul, que se concentram agora os principais focos de população. Ao longo do rio, passamos pelas cidades de Kish, Nippur e Shuruppak. São cidades ainda jovens, mas os séculos que se descortinam à sua frente trazem promessas de grandeza e prosperidade.

E então, de repente, surge Uruk no horizonte.

A cidade de Uruk é um formigueiro humano, que ilumina todo o Oriente Próximo com seu prestígio e poderio. Construída sobretudo com tijolos de barro, a cidade estende seus matizes alaranjados por mais de cem hectares, e o visitante perdido pode perambular horas e horas em suas ruelas apinhadas de gente. No coração da cidade, vários templos monumentais foram erguidos. Neles é cultuado An, pai de todos os deuses, mas em especial Inanna, a Dama do Céu. Para ela foi erguido o templo de Eanna, cujo prédio maior mede oitenta metros de comprimento e trinta de largura. Realmente impressionante para os muitos viajantes de passagem.

O verão se aproxima, e, como todos os anos nesse período, uma grande agitação tomou conta da cidade. Não demora e os rebanhos de carneiros partirão para as zonas de pastagem do Norte, voltando só no fim da estação quente. Durante vários meses, os pastores terão de conduzir os animais, garantindo sua subsistência e segurança, para então trazê-los de volta ilesos aos proprietários. O próprio templo de Eanna possui vários rebanhos, e os maiores entre eles têm dezenas de milhares de cabeças. Os comboios são tão impressionantes que alguns são acompanhados por soldados, para protegê-los dos riscos da expedição.

De qualquer maneira, os proprietários de modo algum deixam que seus carneiros sejam levados sem tomar certas precauções. O contrato com os pastores é claro: terão de voltar tantas cabeças quantas partiram. É fora de questão permitir que uma parte do rebanho se perca ou permutar animais clandestinamente.

E SE CRIOU O NÚMERO

Surge então um problema: como comparar o tamanho do rebanho que partiu com o do rebanho que voltou?

Para responder a essa pergunta, há alguns séculos já foi desenvolvido um sistema de fichas de argila. Existem vários tipos de fichas, cada um deles corresponde a um ou vários objetos ou animais, de acordo com a forma e os padrões nele traçados. No caso de um carneiro, temos um simples disco marcado com uma cruz. No momento da partida, é depositada num recipiente a quantidade de fichas que corresponde ao tamanho do rebanho. Na volta, bastará comparar o número de animais com o de fichas no recipiente para verificar se está faltando algum. Bem mais tarde, essas fichas seriam chamadas em latim de *calculi*, "pedrinhas", dando origem à palavra *cálculo*.

Esse método é prático, mas tem um inconveniente. Quem guarda as fichas? A desconfiança é mútua, e os pastores também podem temer que proprietários poucos escrupulosos joguem pedras extras no recipiente em sua ausência. Os donos do rebanho poderiam então aproveitar para exigir indenizações por carneiros que nunca existiram!

Logo, nos esforçamos para tentar encontrar uma solução, que acaba surgindo. As fichas serão guardadas numa bola de argila oca e hermeticamente fechada. Quando isso ocorre, todos assinam na superfície da bola-invólucro, para certificar sua autenticidade. Agora tornou-se impossível modificar o número de fichas sem quebrar a bola. Os pastores podem partir tranquilos.

Mas então são os proprietários que veem inconvenientes nesse método. Para o andamento dos negócios, eles precisam saber a qualquer momento o número de animais dos seus rebanhos. Como fazer, então? Guardar de cor o número de carneiros? Nada fácil, quando se sabe que a língua suméria ainda não dispõe de palavras para designar números tão elevados. Ter duplicatas não seladas das fichas de contagem contidas em todas as bolas-invólucro? Nada prático.

Uma solução acaba sendo encontrada. Com a ponta desbastada de um caniço, são desenhadas na superfície de cada bola as fichas que estão no interior. Assim, é possível consultar à vontade o conteúdo do invólucro sem precisar quebrá-lo.

Parece que agora o método convém a todo mundo. E ele passa a ser amplamente utilizado, não só para contar carneiros, mas também para selar todo tipo de acordo. Cereais como a cevada e o trigo, lã e têxteis, metais, joias, pedras preciosas, óleo e cerâmicas também contam com suas fichas. Até os impostos são controlados por fichas. No fim do quarto milênio a.C., em suma, todo contrato que se respeitasse em Uruk tinha de ser selado por uma bola-invólucro com suas fichas de argila.

Tudo isso funciona muito bem, até que um dia surge uma ideia brilhante. Aquele tipo de ideia ao mesmo tempo genial e tão simples que todo mundo se pergunta como é que ninguém a teve antes. Já que o número de animais está inscrito na superfície da bola, para que continuar enchendo seu interior com fichas? E para que continuar fazendo bolas? Bastaria simplesmente traçar a imagem das fichas num pedaço de argila qualquer. Numa barra achatada, por exemplo.

E a isso seria dado o nome de escrita.

Estou de volta ao Louvre. As coleções do Departamento de Antiguidades Orientais dão testemunho dessa história. A primeira coisa que me chama a atenção nessas bolas-invólucro é o tamanho delas. Essas pequenas esferas de argila que os sumérios modelavam simplesmente girando-as ao redor do polegar não são muito maiores que bolas de pingue-pongue. E as fichas, por sua vez, não passam de um centímetro.

Um pouco adiante, encontro as primeiras tabuletas que aparecem, multiplicam-se e rapidamente enchem vitrines inteiras. Aos poucos, a escrita se torna mais precisa e adquire o aspecto cuneiforme composto de pequenos entalhes em forma de prego. Depois do desaparecimento das primeiras civilizações da Mesopotâmia no início da nossa era, essas peças dormiriam, em sua maior parte, durante séculos sob as ruínas das cidades abandonadas, sendo afinal exumadas pelos arqueólogos europeus a partir do século XVII. E só seriam gradualmente decifradas ao longo do século XIX.

Essas tabuletas tampouco são muito grandes. Algumas têm o tamanho de simples cartões de visita, mas são cobertas por centenas de minúsculos sinais acumulados uns após os outros. Os escribas mesopotâmicos não podiam desperdiçar o menor pedacinho de argila em sua escrita! Os dizeres dispostos pelo museu ao lado das peças me permitem interpretar esses misteriosos símbolos. Neles se fala de gado, joias ou cereais.

Ao meu lado, turistas tiram fotos... com seus tablets. Uma divertida piscadela da História, cujo carrossel levou a escrita por tantos suportes diferentes, da argila ao papel, passando pelo mármore, a cera, o papiro e o pergaminho, e que, num último gracejo, conferiu às tabuletas eletrônicas a mesma forma de seus antepassados de terra. O encontro dos dois objetos tem algo singularmente comovente. Quem sabe se, daqui a cinco mil anos, essas duas tabuletas não estarão lado a lado, no mesmo canto da vitrine...

O tempo passou, e agora estamos no início do terceiro milênio a.C. Mais uma etapa foi vencida: o número se libertou do objeto que conta! Antes, com as bolas-invólucro e as primeiras tabuletas, os símbolos de contagem dependiam dos objetos em vista. Um carneiro não é uma vaca, de modo que o símbolo para contar um carneiro não era o mesmo que contava uma vaca. E cada objeto suscetível de ser contado tinha seus próprios símbolos, assim como tivera suas próprias fichas.

Mas tudo isso agora terminou. Os números adquiriram seus próprios símbolos. Em suma, para contar oito carneiros, não são mais usados oito símbolos designando carneiros, mas é escrito o número oito, seguido do símbolo do carneiro. E para contar oito vacas, basta substituir o símbolo do carneiro pelo símbolo da vaca. Já o número continua o mesmo.

Essa etapa da história do pensamento é absolutamente fundamental. Se fosse o caso de estabelecer a data de nascimento da matemática, eu sem dúvida escolheria esse momento. O momento em que o número passa a existir por e para si mesmo, em que ele se desvincula do real para observá-lo do alto. Antes, tudo não passava de gestação. Bifaces, frisos, fichas... eram prelúdios desse nascimento programado do número.

O número agora entrou na esfera da abstração, e é afinal o que caracteriza a identidade da matemática: ela é a ciência da abstração por excelência. Os objetos estudados pela matemática não têm existência física. Não são materiais, não são feitos de átomos. São apenas ideias. Mas essas ideias são de uma terrível eficácia para apreender o mundo!

Sem dúvida não foi por acaso que a necessidade de escrever os números se mostrou tão determinante no surgimento da escrita. Pois se outras ideias podiam ser transmitidas oralmente sem problemas, parece difícil estabelecer um sistema numérico sem passar por uma notação escrita.

Ainda hoje, por acaso seria possível desvincular a ideia que fazemos dos números de sua escrita? Se eu lhe pedir que pense num carneiro, como você o verá? Certamente vai imaginar um animal de quatro patas e coberto de lã que emite balidos. Não lhe passaria pela cabeça visualizar as oito letras da palavra "carneiro". Mas se eu lhe falar do número cento e vinte e oito, o que você vai ver? Está vendo o 1, o 2 e o 8 que tomam forma no seu cérebro e se sucedem, como se fossem escritos na tinta impalpável dos seus pensamentos? A representação mental que fazemos dos números grandes parece indissociavelmente presa à sua forma escrita.

É um exemplo sem precedente. Enquanto no caso de todas as outras coisas a escrita não passa de um meio de transcrever o que antes já existia na linguagem oral, no caso dos números é a escrita que vai determinar a língua. Pense por exemplo que, ao pronunciar "cento e vinte e oito", você está apenas lendo 128: 100 + 20 + 8. Até certo ponto, fica impossível falar dos números sem o suporte da escrita. Antes de serem escritos, não havia palavras para representar os números grandes.

Na nossa época, certos povos autóctones ainda têm uma quantidade muito limitada de palavras para designar os números. É o caso dos membros da tribo dos pirahã, caçadores-coletores que vivem às margens do rio Maici, na Amazônia, e que só contam até dois. Além de dois, é empregada uma mesma palavra significando "vários" ou "muitos". Ainda na Amazônia, os munduruku só contam até cinco, ou seja, os dedos de uma das mãos.

Nas sociedades modernas, os números invadiram nosso cotidiano. Tornaram-se tão onipresentes e indispensáveis que muitas vezes esquecemos que são uma ideia genial, e que foram necessários séculos para que nossos antepassados forjassem algo que hoje nos parece simplesmente óbvio.

Ao longo das eras, muitos procedimentos foram inventados para escrever os números. O mais simples consiste em traçar tantos sinais quanto o número desejado. Tracinhos dispostos lado a lado, por exemplo. Método que ainda usamos com frequência, no caso de contar os pontos de um jogo.

O mais antigo vestígio conhecido de utilização provável desse procedimento vem de muito antes da invenção da escrita pelos sumérios. Os ossos de Ishango foram encontrados na década de 1950 à beira do lago Eduardo, na atual República Democrática do Congo, e datam de aproximadamente vinte mil anos! Com comprimento de 10 e 14 centímetros, eles apresentam a particularidade de terem sido entalhados com uma infinidade de incisões a intervalos mais ou menos regulares. Qual seria a finalidade dessas incisões? Provavelmente tratava-se de um primeiro sistema de contagem. Há quem veja nelas um calendário, ao passo que outros deduzem conhecimentos aritméticos já bem avançados. Difícil saber com exatidão. Os dois ossos estão expostos atualmente no Museu de Ciências Naturais da Bélgica, em Bruxelas.

Esse método de contagem, usando uma marca para cada unidade acrescentada, atinge depressa seus limites a partir do momento em que se torna necessário manipular números relativamente grandes. A bem da rapidez, começam a se formar agrupamentos.

As fichas dos mesopotâmicos já podiam representar várias unidades. Havia, por exemplo, uma ficha específica para representar dez carneiros. Na passagem para a escrita, esse princípio se manteve. Foi assim que encontramos símbolos para designar agrupamentos ou lotes de 10, de 60, de 600, de 3.600 e de 36.000.

Já se pode notar a busca de certa lógica no desenho dos símbolos. Assim, o 60 e o 3.600 são multiplicados por dez ao se adicionar um círculo no seu interior. Com a chegada da escrita cuneiforme, esses primeiros símbolos aos poucos vão se transformando.

Dada sua proximidade da Mesopotâmia, o Egito não demora a adotar a escrita, desenvolvendo a partir do início do terceiro milênio a.C. seus próprios símbolos de numeração.

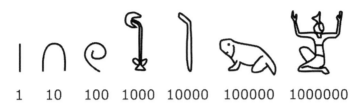

1   10   100   1000 10000 100000 1000000

O sistema agora é puramente decimal: cada símbolo tem um valor dez vezes maior que o anterior.

Esses sistemas aditivos, nos quais basta acrescentar os valores dos símbolos escritos, terão enorme sucesso em todo o mundo, surgindo uma infinidade de variantes durante toda a Antiguidade e boa parte da Idade Média. Serão utilizados em especial pelos gregos e pelos romanos, que se limitarão a adotar as letras de seus respectivos alfabetos como símbolos numéricos.

Frente aos sistemas aditivos, aos poucos surge um novo modo de notação dos números: a numeração por posição. Nesses sistemas, o valor de um símbolo passa a depender do lugar que ocupa no conjunto numérico. E mais uma vez são os mesopotâmicos os primeiros a entrar em ação.

Em 2.000 a.C., a cidade de Babilônia passou a se projetar no Oriente Próximo. A escrita cuneiforme continua na moda, mas agora são utilizados apenas dois símbolos: o prego simples, que equivale a 1, e o canto, que vale 10.

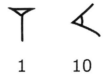

1   10

Esses dois sinais permitem notar por adição todos os números até 59. Assim, o número 32 é escrito com três cantos seguidos de dois pregos.

32

A partir de 60, começa-se a juntar grupos, e os mesmos símbolos servirão para notar os grupos de 60. Assim, como na nossa atual notação, os números lidos da direita para a esquerda designam as unidades, depois as dezenas, depois as centenas. Nessa numeração babilônica lê-se primeiro as unidades, depois as "sessentenas", depois as "três-mil-e-sessentenas" (isto é, sessenta "sessentenas"), e assim por diante, cada série valendo sessenta vezes a anterior.

Por exemplo, o número 145 é composto de duas "sessentenas", que somam cento e vinte, às quais são acrescentadas vinte e cinco unidades. Os babilônicos o teriam escrito da seguinte maneira:

145

Graças a esse sistema, os eruditos babilônicos viriam a desenvolver conhecimentos fora do comum. Naturalmente, eles sabem efetuar as quatro operações básicas, adição, subtração, multiplicação e divisão, mas também raízes quadradas, potências e inversos. Elaboram tabelas aritméticas extremamente completas e introduzem equações com excelentes métodos de resolução.

Mas todos esses conhecimentos logo seriam esquecidos. A civilização babilônica está em declínio, e boa parte de seus avanços matemáticos seria relegada ao esquecimento. Fim da numeração por posição. Fim das equações. Séculos haveriam de se passar até que se voltasse a refletir sobre essas questões, e só no século XIX a decifração das tabuletas cuneiformes nos lembraria que os mesopotâmicos já haviam respondido a elas antes de todo mundo.

Depois dos babilônicos, os maias também conceberiam um sistema por posições, mas de base 20. Depois seria a vez dos indianos, que inventaram um sistema de base 10. Esse sistema seria reutilizado pelos eruditos árabes, passando em seguida à Europa, no fim da Idade Média. Foi onde esses símbolos ganharam o nome de algarismos arábicos, logo conquistando o mundo inteiro.

0 1 2 3 4 5 6 7 8 9

Com os números, a humanidade compreende aos poucos que acaba de inventar uma ferramenta que vai além de todas as suas expectativas no sentido de descrever, analisar e entender o mundo que a cerca.

A satisfação é tão grande que às vezes se exagera um pouco. O surgimento dos números é também o surgimento de diversas práticas de numerologia. Propriedades mágicas são atribuídas aos números, eles são interpretados além do que pode ser considerado razoável, em meio a tentativas de ler neles mensagens dos deuses e o destino do mundo.

No século VI antes de Cristo, Pitágoras faria deles o conceito fundamental de sua filosofia. "Tudo é número", afirma o filósofo grego. Segundo ele, são os números que geram figuras geométricas, que por sua vez engendram os quatro elementos da matéria: fogo, água, terra e ar, que compõem todos os seres. Assim, Pitágoras cria todo um sistema em torno dos números. Os ímpares são associados ao masculino, ao passo que os pares são femininos. O número 10, representado como um triângulo, é chamado de "tetractys" e se torna símbolo da harmonia e da perfeição do cosmo. Os pitagóricos também estariam na origem da aritmância, que afirma ler as características humanas associando valores numéricos às letras que compõem os nomes.

Paralelamente, começa-se a discutir o que é um número. Alguns autores sustentam que a unidade não é um número, pois o número designa variedade, só podendo, portanto, ser considerado a partir de 2. Chega-se até a afirmar que, para gerar todos os outros números, o 1 deve ser ao mesmo tempo par e ímpar.

Mais tarde, o zero, os números negativos e os números imaginários é que seriam responsáveis pelo ressurgimento de debates cada vez mais acalorados. Invariavelmente, a chegada dessas novas ideias ao mundo dos números causaria discussão, obrigando os matemáticos a ampliar suas concepções.

Em suma, o número continua a dar o que falar, e os seres humanos ainda levarão tempo para aprender a dominar essas estranhas criaturas saídas diretamente de seus cérebros.

3
Só entra aqui quem for geômetra

Inventado o número, a matemática não demoraria a se tornar plural. Vários ramos, como a aritmética, a lógica e a álgebra aos poucos germinariam no seu interior, desenvolvendo-se até atingir a maturidade e se afirmar como disciplinas independentes.

Uma delas haveria de se destacar rapidamente, encantando os maiores sábios da Antiguidade: a geometria. Ela é que seria responsável pela fama das primeiras estrelas da matemática, como Tales de Mileto, Pitágoras e Arquimedes, cujos nomes ainda hoje frequentam as páginas dos nossos livros didáticos.

Entretanto, antes de ser uma questão de grandes pensadores, é no terreno prático que a geometria vai se revelar útil e ganhar importância. Como já evidencia sua etimologia, ela é, antes de mais nada, a ciência da medida da terra, e os primeiros agrimensores seriam matemáticos da comunidade. Os problemas de repartição territorial na época eram comuns. Como dividir um campo em partes iguais? Como avaliar o preço de um terreno com base em sua superfície? Qual desses dois lotes está mais próximo do rio? Que traçado deve seguir o futuro canal para ser o mais curto possível?

Todas essas questões são de importância capital nas sociedades antigas, cuja economia ainda se articula essencialmente em torno da agricultura e, portanto, da divisão das terras. Para atender a essas necessidades, vai sendo construído um conhecimento geométrico, que se enriquece e se transmite de geração em geração. Dispor desse conhecimento é indubitavelmente assegurar um lugar central e incontornável na sociedade.

Para esses profissionais da medida, a corda muitas vezes é o primeiríssimo instrumento da geometria. No Egito, estender a corda é uma profissão. Quando as cheias do Nilo provocam inundações regularmente, é a eles que se recorre para redefinir os limites dos lotes à beira do rio. Graças às informações conhecidas sobre o terreno, eles plantam suas estacas, estendem suas longas cordas pelos campos e então efetuam os cálculos que permitem restabelecer as fronteiras apagadas pelas águas.

Para erguer uma edificação, são eles também que entram em ação a princípio, para tirar as medidas do solo e assinalar com precisão a localização da construção, com base no projeto do arquiteto. E quando se trata de um templo ou de um monumento importante, pode ser que o próprio faraó compareça pessoalmente para estender de forma simbólica a primeira corda.

Cabe aqui reconhecer que a corda é a ferramenta geométrica que reúne todas as ferramentas. Os agrimensores a utilizam ao mesmo tempo como régua, compasso e esquadro.

No que diz respeito à régua, é muito simples: estendendo-se a corda entre dois pontos fixos, tem-se uma linha reta. E se houver preferência por uma régua de escala, basta dar nós na corda a intervalos regulares. No caso do compasso, também não é nada complicado. Simplesmente se fixa uma das extremidades a uma estaca, fazendo a outra girar em torno do ponto fixado. Obtém-se então um círculo. E se houver uma escala na corda, o comprimento do raio poderá ser perfeitamente controlado.

Tratando-se do esquadro, por outro lado, as coisas se complicam um pouco. Vamos nos deter por um momento neste problema específico: como traçar um ângulo reto? Investigando-se um pouco, é possível imaginar vários métodos diferentes. Se traçarmos, por exemplo, dois círculos que se cruzam, a linha reta que liga seus centros é perpendicular à linha reta que passa pelos dois pontos de intersecção. Temos aí o nosso ângulo reto.

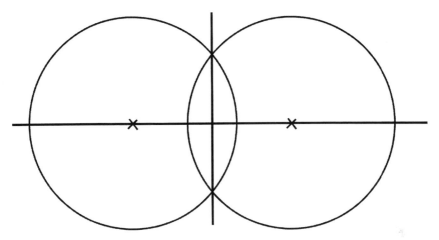

Teoricamente, essa solução funciona perfeitamente, mas na prática é mais complicado. Imaginemos os agrimensores tendo de traçar dois grandes círculos com precisão no campo, toda vez que precisarem de um ângulo reto, ou simplesmente para verificar se um ângulo já construído de fato é reto. Não seria muito rápido nem muito eficaz.

Os agrimensores afinal adotaram outro método, mais sutil e mais prático: formar diretamente com sua corda um triângulo dotado de um ângulo reto. Esse triângulo se chama triângulo retângulo. E o mais famoso deles é o 3-4-5! Se pegarmos uma corda dividida em doze intervalos por treze nós, poderemos formar um triângulo cujos lados vão medir respectivamente três, quatro e cinco intervalos. E, como num passe de mágica, o ângulo formado pelos lados 3 e 4 é perfeitamente reto.

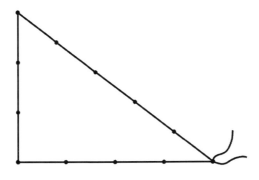

Há quatro mil anos, os babilônicos já faziam tabelas de números que permitiam construir triângulos retângulos. A tabela Plimpton 322, atualmente na coleção da Universidade Columbia, em Nova York, datada de 1800 antes da nossa era, apresenta um quadro de quinze trios desses números. Além do 3-4-5, encontramos quatorze outros triângulos, alguns claramente mais complexos, como o 65-72-97 ou ainda o 1679-2400-2929. À parte alguns pequenos deslizes — erros de cálculo ou de cópia —, os triângulos da tabela Plimpton são perfeitamente exatos: todos de fato possuem um ângulo reto!

É difícil saber com precisão a partir de que época os agrimensores babilônicos utilizaram em campo seus conhecimentos dos triângulos retângulos, mas o fato é que esse uso perdurou até muito depois do desaparecimento de sua civilização. Na Idade Média, a corda de treze nós, também conhecida como corda dos druidas, ainda era uma das ferramentas essenciais dos construtores de catedrais.

Quando viajamos pela história da matemática, não é raro constatar que certos conceitos semelhantes surgem de maneira independente a milhares de quilômetros uns dos outros, e em contextos culturais profundamente diferentes. É a uma dessas estranhas coincidências que assistimos, perplexos, ao descobrir que a civilização chinesa desenvolveu, em 1.000 a.C., toda uma habilidade matemática que corresponde estranhamente às descobertas das civilizações babilônica, egípcia e grega da mesma época.

Esses conhecimentos foram acumulados ao longo dos séculos, até serem compilados na dinastia Han, há cerca de 2.200 anos, numa das primeiras grandes obras matemáticas do mundo: *Os nove capítulos da arte matemática*.

O primeiro dos nove capítulos é inteiramente dedicado ao estudo das medidas de área de diferentes formas. Retângulos, triângulos, trapézios, círculos, partes de círculos e anéis são figuras geométricas que merecem minuciosa exposição sobre procedimentos de cálculo de área. Mais adiante, descobrimos que o nono e último capítulo se debruça sobre o estudo dos triângulos retângulos. E adivinhem do que se fala já na primeira frase do capítulo? Do 3-4-5!

SÓ ENTRA AQUI QUEM FOR GEÔMETRA

As boas ideias são assim mesmo. Transcendem as diferenças culturais e são capazes de florescer espontaneamente onde quer que o espírito humano esteja pronto para recebê-las.

Alguns problemas de época

As questões de áreas, arquitetura ou, de maneira mais genérica, planejamento territorial levaram os estudiosos da Antiguidade a estudar problemas geométricos de grande diversidade, alguns exemplos dos quais vamos aqui examinar.

O texto abaixo, extraído da tabela babilônica BM 85200, mostra que os babilônicos não se contentavam com a geometria plana, refletindo também em termos de espaço.

> *Um porão. Tanto quanto o comprimento: a profundidade. 1, a terra, eu arranquei. Meu solo e a terra eu amontoei, 1'10. Comprimento e frente, '50. Comprimento, frente, o quê?**

Como se vê, o estilo dos matemáticos da Babilônia era do tipo telegráfico. Com maiores detalhes, o mesmo texto poderia ficar assim:

> *A profundidade de um porão é doze vezes superior** a seu comprimento. Se eu cavar meu porão para que ele tenha uma unidade a mais em profundidade, seu volume será igual a 7/6. Se somar comprimento e largura, obterei 5/6.*** Quais as dimensões do porão?*

---

* Tradução Jens Høyrup, *L'algèbre au temps de Babylone*, Éditions Vuibert/Adapt-SNES, 2010.
** O texto da tabela diz aparentemente que o comprimento e a profundidade são iguais, mas no sistema babilônico a profundidade é medida por uma unidade doze vezes maior que o comprimento.
*** Cabe notar também que, com o sistema de base 60, a notação 1'10 designa o número igual a "um mais dez sexagésimos", que é notado no nosso atual sistema com a fração 7/6. A notação '50, por sua vez, designa a fração 5/6 (ou cinquenta sexagésimos).

Este problema é acompanhado do método detalhado de resolução, levando à solução: o comprimento mede 1/2, a largura, 1/3, e a profundidade, 6.

Vamos agora dar uma voltinha pelo Nilo. Naturalmente, tratando-se dos egípcios, vamos encontrar problemas de pirâmides. O trecho a seguir foi extraído de um célebre papiro redigido pelo escriba Ahmes e datado da primeira metade do século XVI antes da nossa era.

> *Uma pirâmide que tem no lado da base 140 côvados e cuja inclinação* é de 5 palmas e 1 dedo, qual é sua altura?*

O côvado, a palma e o dedo são unidades de medida que equivalem respectivamente a 52,5 centímetros, 7,5 centímetros e 1,88 centímetros. Ahmes apresenta igualmente a solução: 93 côvados 1/3. Nesse mesmo papiro, o escriba também se arrisca na geometria do círculo.

> *Exemplo de cálculo de um terreno redondo com diâmetro de 9 khet. Qual o valor da sua área?*

O *khet* também é uma unidade de medida, equivalente a cerca de 52,5 metros. Para resolver esse problema, Ahmes afirma que a área do terreno circular é igual à de um campo quadrado cujo lado mede 8 *khet*. A comparação é da maior utilidade, pois é muito mais fácil calcular a área de um quadrado do que a de um disco. Ele encontra 8 × 8 = 64. Mas os matemáticos que viriam depois de Ahmes descobriram que seu resultado não é exato.

---

* A inclinação de uma face da pirâmide, também chamada de *seked* em egípcio, corresponde à distância horizontal entre dois pontos com diferença de um côvado de altura.

SÓ ENTRA AQUI QUEM FOR GEÔMETRA

As áreas do disco e do quadrado não coincidem exatamente. Tempos depois, muitos tentariam responder a essa questão: como construir um quadrado cuja área seja igual à de um círculo. E muitos pelejariam em vão nesse sentido, o que é perfeitamente compreensível. Sem sabê-lo, Ahmes foi um dos primeiros a enfrentar aquele que haveria de se tornar o maior quebra-cabeça matemático de todos os tempos: a quadratura do círculo!

Também na China procura-se calcular a superfície de terrenos circulares. O problema a seguir foi extraído do primeiro dos nove capítulos.

Suponhamos um terreno circular de 30 bu de circunferência e 10 bu de diâmetro. Pergunta-se qual a área do campo.*

Aqui, um bu equivale a cerca de 1,4 metro. E, como no Egito, os matemáticos chineses atrapalham-se com essa figura. Sabemos hoje que o enunciado é falso, pois um disco de diâmetro 10 tem uma circunferência ligeiramente superior a 30. O que, no entanto, não impede os eruditos chineses de estabelecerem um valor aproximado da área (75 bu) nem de complicar ainda mais sua tarefa, enveredando por questões de anéis circulares!

Consideremos um terreno em forma de anel com circunferência interna de 92 bu, circunferência externa de 122 bu e diâmetro transverso de 5 bu. Pergunta-se qual a área do terreno.

---

* Tradução de Karine Chemla e Shuchun Guo, *Les neuf chapitres*, Éditions Dunod, 2005.

> Cabe duvidar que jamais tenha havido na China antiga algum campo em forma de anel, e deduzimos por esses últimos problemas que os eruditos do Império do Meio, tomando gosto pela geometria, levantaram tais questões pelo puro prazer do desafio teórico. Buscar figuras geométricas cada vez mais improváveis e disparatadas para estudá-las e entendê-las é ainda hoje um dos passatempos favoritos dos matemáticos.

Entre as profissões ligadas à geometria, devemos considerar também os bematistas. Se os agrimensores e os extensores de cordas têm a missão de medir campos e construções, os bematistas enxergam muito mais longe! Na Grécia, esses indivíduos têm a tarefa de medir longas distâncias contando passos.

E, às vezes, suas missões podem levá-los longe, muito longe de onde moram. Assim, no século IV antes da nossa era, Alexandre, o Grande se fez acompanhar de alguns bematistas em sua campanha da Ásia, que o levou até as fronteiras da atual Índia. O que significa que esses andarilhos tiveram de medir trajetos de vários milhares de quilômetros.

Vamos imaginar por um momento, olhando do alto, o estranho espetáculo desses homens de passo cadenciado, atravessando as imensas paisagens do Oriente Médio. Vamos vê-los percorrendo os planaltos da Alta Mesopotâmia; passando pelos cenários áridos e amarelos da península do Sinai para chegar às margens férteis do vale do Nilo; e depois retornando para enfrentar os maciços montanhosos do Império Persa e os desertos do atual Afeganistão. Imperturbáveis, eles caminham e caminham, num ritmo seco e monótono, passando ao pé das montanhas gigantescas do Hindu Kush para voltar pelas margens do oceano Índico. Incansavelmente, contando os passos.

A imagem é forte e a desproporção do empreendimento parece absurda. E, no entanto, os resultados são de notável precisão: menos de 5%, em média, de diferença entre suas medidas e as distâncias reais hoje conhecidas! Desse modo, os bematistas de Alexandre permitiram descrever a geografia do seu reino como jamais fora feito antes em relação a uma região tão vasta.

Dois séculos depois, no Egito, um erudito de origem grega chamado Eratóstenes concebe um projeto ainda mais grandioso: medir a circunferência... da Terra. Nada mais, nada menos! Naturalmente, não seria o caso de enviar pobres bematistas para dar a volta ao planeta. Entretanto, graças à hábil observação da diferença de inclinação dos raios do Sol entre as cidades de Syene, atual Assuan, e Alexandria, Eratóstenes calculou que a distância entre as duas cidades devia corresponder a um quinquagésimo da circunferência da Terra.

Muito naturalmente, então, ele convoca bematistas para tirar a medida. Ao contrário dos colegas gregos, os bematistas egípcios não contam diretamente os próprios passos, e sim os de um camelo que os acompanha. O animal é conhecido pela regularidade de sua marcha. Depois de longos dias de viagem ao longo do Nilo, vem o veredito: as duas cidades são separadas por 5 mil estádios, o que significa que a volta ao nosso planeta soma 250 mil, o equivalente a 39.375 quilômetros. Mais uma vez, o resultado é de uma precisão assombrosa, pois hoje sabemos que a medida exata dessa circunferência é de 40.008 quilômetros. Menos de 2% de erro!

Talvez mais que qualquer outro povo antigo, os gregos confeririam à geometria um lugar preponderante em sua cultura. Eles reconhecem seu rigor e sua capacidade de formação da mente. Para Platão, é uma disciplina obrigatória para quem quer tornar-se filósofo, e conta a lenda que no frontispício de sua Academia foi inscrito o lema "Só entra aqui quem for geômetra".

De tal modo a geometria está na crista da onda que acaba por transpor as próprias fronteiras para invadir as de outras disciplinas. É assim que as propriedades aritméticas dos números passam a ser interpretadas em linguagem geométrica. Veja-se, por exemplo, esta definição de Euclides, extraída do sétimo livro de seu *Os elementos*, datado do século III antes de Cristo:

Quando dois números multiplicados redundam num terceiro, este que foi gerado chama-se plano, e seus lados são os números multiplicados.

Se eu faço a multiplicação 5 × 3, os números 5 e 3 se chamam, segundo Euclides, "lados" da multiplicação. Por quê? Simplesmente porque uma multiplicação pode ser representada como a superfície de um retângulo. Se este tiver largura igual a 3 e comprimento de 5, sua área equivale a 5 × 3. Os números 3 e 5 de fato são os lados do retângulo. O resultado da multiplicação, 15, é por sua vez chamado de "plano", pois corresponde geometricamente a uma superfície.

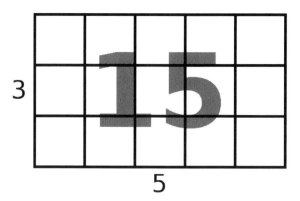

Estruturas semelhantes correspondem a outras figuras geométricas. Assim, diz-se que um número é triangular se ele puder ser representado em forma de... triângulo. Os primeiros números triangulares são 1, 3, 6 e 10.

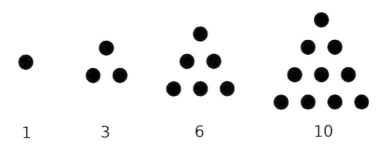

Este último triângulo de dez pontos nada mais é que o famoso "tetractys" escolhido por Pitágoras e seus discípulos como símbolo da harmonia do cosmo. Pelo mesmo princípio, também encontramos os números quadrados, cujos primeiros representantes são 1, 4, 9 e 16.

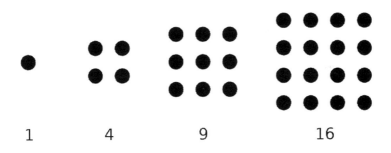

E poderíamos, naturalmente, continuar assim por muito tempo, com todos os tipos de figuras. A representação geométrica dos números permite, portanto, visualizar e tornar evidentes propriedades que, sem ela, parecem incompreensíveis.

Tomemos um exemplo: você já tentou somar números ímpares uns após os outros? 1 + 3 + 5 + 7 + 9 + 11...? Não? O fato é que acontece neste caso uma coisa incrível. Veja só:

$$1$$
$$1 + 3 = 4$$
$$1 + 3 + 5 = 9$$
$$1 + 3 + 5 + 7 = 16$$

Notou a particularidade dos números que aparecem? Pela ordem: 1, 4, 9, 16... São os números quadrados!

E você pode continuar assim o quanto quiser, pois a regra jamais será desmentida. Se tiver paciência de somar os dez primeiros números ímpares, de 1 a 19, você vai encontrar 100, que é o décimo número quadrado:

$$1 + 3 + 5 + 7 + 9 + 11 + 13 + 15 + 17 + 19$$
$$= 10 \times 10 = 100.$$

Incrível, não? Mas por quê? Que milagre faz com que essa propriedade sempre se aplique? Naturalmente, seria possível apresentar uma prova numérica, mas o caso é muito mais simples. Graças à representação geométrica, basta dividir os números quadrados em séries, e a explicação salta aos olhos.

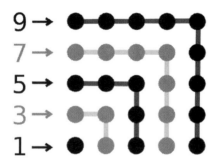

Cada série adiciona um número ímpar de bolinhas, ao mesmo tempo aumentando o lado do quadrado em uma unidade. Assim, ficou provado: simples e claro.

Em suma, no reino da matemática, a geometria é rainha, e não é possível validar nenhuma afirmação sem passar por seu crivo. Sua hegemonia perduraria muito além da Antiguidade e da civilização grega. Quase dois mil anos ainda se passariam até que os eruditos do Renascimento lançassem um vasto movimento de modernização da matemática, que viria a destronar a geometria em benefício de uma linguagem completamente nova: a da álgebra.

4

O tempo dos teoremas

Estamos no início do mês de maio. É meio-dia e o sol brilha acima do Parque de La Villette, no norte de Paris. À minha frente está a Cidade das Ciências e da Indústria, tendo em primeiro plano a Cúpula Geodésica. Essa estranha sala de cinema, construída em meados da década de 1980, parece uma gigantesca bola facetada de 36 metros de diâmetro.

O lugar é muito movimentado. Há turistas, de máquina fotográfica na mão, que vieram ver a curiosa construção parisiense. Há famílias fazendo o seu passeio da quarta-feira. Alguns namorados sentados na grama ou caminhando de mãos dadas. Aqui e ali, um corredor ziguezagueia em meio à torrente dos moradores do bairro que passam indiferentes, mal lançando um olhar distraído para a estranha aparição dessa esfera espelhada no meio do seu cotidiano. Ao redor, crianças se divertem observando a imagem deformada do mundo que as cerca.

Quanto a mim, se estou aqui hoje é porque sua geometria me interessa de forma especial. Começo a me aproximar, examinando-a atentamente. A superfície é composta por milhares de espelhos triangulares unidos uns aos outros. À primeira vista, a junção pode parecer perfeitamente regular, mas, depois de alguns minutos examinando a construção, começo a perceber várias irregularidades. Em torno de certos pontos bem precisos, os triângulos se deformam e se ampliam, como que esticados por uma deformação da estrutura. Embora em quase toda a esfera eles formem uma malha perfeitamente regular, juntando-se em hexágonos de seis triângulos, há uma dúzia de pontos específicos em torno dos quais os triângulos são reunidos em grupos de cinco.

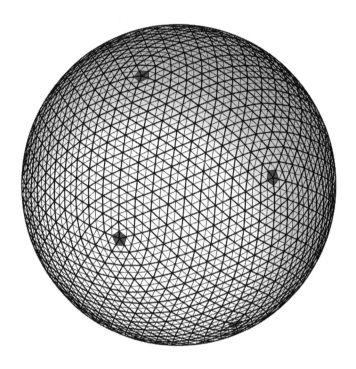

Representação da Cúpula Geodésica com seus milhares de triângulos.
Os pontos em que os triângulos se agrupam aos cinco são
assinalados em cinza escuro

Essas irregularidades são quase invisíveis ao primeiro olhar. E, por sinal, a maioria dos visitantes e passantes não presta a menor atenção. Mas, aos meus olhos de matemático, elas nada têm de surpreendente. Devo inclusive dizer que esperava mesmo encontrá-las! O arquiteto não cometeu nenhum erro, e por sinal existem no mundo várias outras construções com uma geometria semelhante, contando todas elas com essa mesma dúzia de pontos em que as peças de base se agrupam em número de cinco, em vez de seis. Esses pontos são resultado de condicionantes geométricas incontornáveis, descobertas há mais de dois mil anos pelos matemáticos gregos.

Teeteto de Atenas é um matemático do século IV antes da nossa era, e é a ele que se atribui em geral a descrição completa dos poliedros regulares. Um poliedro, em geometria, é simplesmente uma figura com volume delimitada por várias faces planas. Assim, os cubos e as pirâmides fazem parte da família dos poliedros, ao contrário das esferas e dos cilindros, cujas faces são arredondadas. A Cúpula Geodésica, com suas faces triangulares, também pode ser considerada um poliedro gigante, embora o grande número de faces faça com que pareça, de longe, uma esfera.

Teeteto se interessou particularmente pelos poliedros de simetria perfeita, ou seja, aqueles que têm todas as faces e todos os ângulos iguais. E sua descoberta é no mínimo desconcertante: ele encontrou apenas cinco, demonstrando que não existem outros. Cinco sólidos, e pronto! Nem um a mais.

Da esquerda para a direita:
o tetraedro, o hexaedro, o octaedro, o dodecaedro e o icosaedro

Ainda hoje costuma-se designar os poliedros pelo número de faces, em grego antigo, seguido do sufixo *-edro*. Assim, o cubo, com suas seis faces quadradas, tem em geometria o nome de hexaedro. O tetraedro, o octaedro, o dodecaedro e o icosaedro têm respectivamente quatro, oito, doze e vinte faces. Posteriormente, esses cinco poliedros passariam a ser conhecidos como os sólidos de Platão.

De Platão? E por que não de Teeteto? A história às vezes é injusta, e os descobridores nem sempre são aqueles que recebem as homenagens da posteridade. O filósofo ateniense não tem nada a ver com a descoberta dos cinco sólidos, mas os celebrizou com uma teoria que os associa aos elementos do cosmo: o fogo é associado ao tetraedro; a terra, ao hexaedro; o ar, ao octaedro; e a água, ao icosaedro. Quanto ao dodecaedro, com suas faces pentagonais, Platão afirmava que se tratava da forma do Universo. Essa teoria há muito foi abandonada pela ciência, e, no entanto, ainda hoje é a Platão que se costuma associar os cinco poliedros regulares.

Para sermos honestos, devemos dizer que Teeteto tampouco foi o primeiro a descobrir esses cinco sólidos. Foram encontrados modelos esculpidos ou descrições escritas muito mais antigos. Uma coleção de bolinhas de pedra esculpida reproduzindo as formas dos sólidos de Platão foi encontrada na Escócia, e dataria de mil anos antes do matemático grego! Essas peças são atualmente conservadas no Museu Ashmolean de Oxford.

Quer dizer então que Teeteto não é mais importante que Platão, no caso? Ele também seria um impostor? Não exatamente, pois, se as cinco figuras já eram conhecidas antes dele, ele foi o primeiro a demonstrar claramente que a lista estava completa. Não adianta procurar mais, nos diz Teeteto; ninguém jamais será capaz de encontrar outras. A afirmação tem algo de tranquilizador. Ela nos tira uma dúvida terrível. Ufa! Está tudo aí.

Essa etapa é significativa da maneira como os matemáticos gregos vão abordar a matemática. Para eles, não se trata apenas de encontrar soluções que funcionem. Eles querem esgotar o problema. Querem ter certeza de que nada lhes escapa. E, para tanto, vão levar ao apogeu a arte da exploração matemática.

Voltemos agora a nossa Cúpula Geodésica. A demonstração de Teeteto não tem escapatória: impossível que um poliedro de várias centenas de faces seja perfeitamente regular. Como fazer, então, quando se é arquiteto e se quer erguer uma construção tão semelhante quanto possível a uma esfera regular? Difícil, tecnicamente, conceber o edifício numa peça única. Não, não há nada a fazer, será necessário juntar uma infinidade de pequenas faces. Mas como criar uma estrutura assim?

Podemos imaginar várias soluções. Uma delas consiste em tomar um dos sólidos de Platão para modificá-lo. Vejamos, por exemplo, o icosaedro. Com suas vinte faces triangulares, é o que tem aspecto mais arredondado entre os cinco. Para torná-lo ainda mais suave, é possível recortar cada uma das suas faces em várias faces menores. O poliedro assim obtido pode então ser deformado, como se fosse inflado soprando-se por dentro, para se aproximar o máximo possível de uma esfera.

Aqui está, por exemplo, o que acontece quando subdividimos cada face do icosaedro em quatro triângulos menores.

Icosaedro

Icosaedro de faces cortadas em quatro

Icosaedro de faces cortadas e inflado

Um poliedro assim é chamado em geometria de... cúpula geodésica. Etimologicamente, uma figura que tem a forma da Terra, vale dizer, que se assemelha a uma esfera. Em princípio, nada complicado. É exatamente essa estrutura que é usada na Cúpula Geodésica de La Villete! Mas a subdivisão das faces é muito mais delicada: dessa vez, os triângulos do icosaedro são divididos em quatrocentos triângulos menores, o que dá um total de 8 mil facetas triangulares!

Na realidade, a Cúpula Geodésica tem pouco menos de 8 mil facetas, apenas 6.433, pois não está completa. Sua base, pousada no solo, é incompleta, faltando alguns triângulos. Mas o fato é que essa estrutura permite explicar a presença das doze irregularidades. Elas simplesmente correspondem aos doze vértices do icosaedro. Em outras palavras, são os pontos em que os grandes triângulos iniciais convergiam aos cinco para formar as pontas do icosaedro. Esses vértices, inicialmente pontudos, foram achatados com a multiplicação das faces, de tal maneira que se tornaram quase invisíveis. Mas sua presença continua a se manifestar na organização dos triângulos, e as doze irregularidades servem como lembrete aos passantes mais atentos.

Teeteto certamente estava longe de imaginar que suas pesquisas permitiriam um dia a construção de edifícios como a Cúpula Geodésica. E está aí a grande força da matemática, tal como viria a ser desenvolvida pelos eruditos da Grécia antiga: ela tem uma formidável capacidade de gerar ideias novas. Os gregos aos poucos começariam a desvincular seus questionamentos de problemáticas concretas, gerando assim, por simples curiosidade intelectual, modelos originais e sugestivos. Mesmo parecendo muitas vezes não ter qualquer utilidade concreta no momento em que são concebidos, esses modelos acabam às vezes por se revelar de incrível utilidade muito tempo depois do desaparecimento de seus criadores.

Hoje em dia, encontramos os cinco sólidos de Platão em diferentes contextos. Eles são, por exemplo, ideais para servir como dados nos jogos de salão. Sua regularidade garante que o dado seja equilibrado, ou seja, que todas as faces tenham as mesmas chances de aparecer. Todo mundo conhece o dado cúbico de seis faces, mas os jogadores inveterados sabem que em muitos jogos também são usadas as quatro outras formas, para variar os prazeres e as probabilidades.

Enquanto vou me afastando da Cúpula Geodésica, cruzo um pouco adiante com crianças que carregam uma bola e começam um jogo de futebol improvisado no gramado do La Villette. Elas não sabem, mas nesse momento também deviam acender uma vela a Teeteto. Por acaso notaram que a bola também tem seus padrões geométricos? A maioria das bolas de futebol é fabricada segundo o mesmo modelo: vinte peças hexagonais (seis lados) e doze peças pentagonais (cinco lados). Nas bolas tradicionais, os hexágonos são brancos, e os pentágonos, negros. E mesmo quando ilustrações variadas são impressas na superfície da bola, basta olhar atentamente para as costuras que delimitam as diferentes peças para perceber os vinte hexágonos e os doze pentágonos.

Um icosaedro truncado! É como os geômetras chamam a bola de futebol. E sua estrutura é motivada pelas mesmas condicionantes que a Cúpula Geodésica: ela precisa ser o mais regular e redonda possível. Só que, para chegar a tal resultado, os criadores desse modelo usaram um método diferente. Em vez de subdividir as faces para arredondar os ângulos, eles simplesmente optaram por... cortar os ângulos. Imagine um icosaedro de massa de modelar, pegue uma faca e simplesmente corte os vértices. Os vinte triângulos de vértices cortados se transformam em hexágonos, ao passo que os doze vértices retirados fazem surgir os doze pentágonos.

Os doze pentágonos numa bola de futebol têm, portanto, a mesma origem que as doze irregularidades na superfície da Cúpula Geodésica: são as localizações originais dos doze vértices do icosaedro.

E essa menininha de lenço na mão com quem cruzo ao sair do Parque de La Villette? Ela não parece estar muito bem de saúde. Será que pode ser mais uma vítima da proliferação de microicosaedros? Com efeito, certos organismos microscópicos, como os vírus, assumem naturalmente a forma de icosaedros ou dodecaedros. É o caso, por exemplo, do rinovírus, responsável pela maioria dos casos de gripe.

Se essas minúsculas criaturas adotam tais formas, é pelos mesmos motivos que as utilizamos na arquitetura ou nas nossas bolas. Por uma questão de simetria e de economia. Graças aos icosaedros, as bolas são feitas com apenas dois tipos diferentes de peças. Da mesma forma, a membrana dos vírus é composta de apenas alguns tipos de moléculas diferentes (quatro, no caso do rinovírus), que se encaixam umas nas outras, repetindo sempre o mesmo padrão. O código genético para a criação desse invólucro é, portanto, muito mais conciso e econômico do que se fosse necessário descrever uma estrutura sem nenhuma simetria.

Mais uma vez, Teeteto teria ficado surpreso com o alcance de seus poliedros.

Vamos então deixar para trás o Parque de La Villette e retomar o curso cronológico de nossa história. Como é que os matemáticos antigos como Teeteto passaram a enunciar questões cada vez mais genéricas e teóricas? Para entendê-lo, precisamos voltar alguns milhares de anos nas margens orientais do Mediterrâneo.

Enquanto as culturas babilônica e egípcia lentamente se apagam, a Grécia antiga inicia seus séculos mais gloriosos. A partir do século VI, antes da era comum, o mundo grego entra num período de ebulição cultural e científica sem precedente. A filosofia, a poesia, a escultura, a arquitetura, o teatro, a medicina e a história são disciplinas que passarão por uma verdadeira revolução. Ainda hoje, a excepcional vitalidade desse período é motivo de fascínio e mistério. Nesse vasto movimento intelectual, a matemática vai ocupar um lugar privilegiado.

Quando pensamos na Grécia antiga, a primeira imagem que nos vem é muitas vezes da cidade de Atenas dominada por sua Acrópole. Imaginamos cidadãos de túnica branca caminhando em meio a templos de mármore e oliveiras no monte Pentélico, tendo acabado de inventar a primeira democracia da história! Mas essa visão está longe de representar o conjunto do mundo grego em toda a sua diversidade.

Nos séculos VIII e VII a.C., uma infinidade de colônias gregas se disseminou no contorno do Mediterrâneo. Por vezes, essas colônias se misturaram aos povos locais, adotando em parte seus costumes e seu modo de vida. Nem todos os gregos levam o mesmo tipo de vida, longe disso. Sua alimentação, seus prazeres, suas crenças e seus sistemas políticos variam muito de uma região para outra.

O surgimento da matemática grega não vai ocorrer, assim, num lugar restrito onde todos os eruditos se conhecem e se cruzam diariamente, mas em uma vasta zona geográfica e cultural. O contato com as civilizações mais antigas de que ela é herdeira e a mistura da sua própria diversidade serão um dos motores da revolução matemática. Muitos eruditos farão pelo menos uma vez na vida uma peregrinação ao Egito ou ao Oriente Médio, como etapa obrigatória do seu aprendizado. E assim, boa parte da matemática babilônica e egípcia será integrada e expandida pelos eruditos gregos.

É na cidade de Mileto, no litoral sudoeste da atual Turquia, que nasce, no fim do século VII, o primeiro grande matemático grego: Tales. Não obstante as muitas fontes em que é mencionado, é difícil hoje em dia obter informações confiáveis sobre sua vida e suas obras. Como no caso de muitos eruditos dessa época, várias lendas seriam forjadas após sua morte por discípulos zelosos demais, de tal maneira que se tornou difícil distinguir o verdadeiro do falso. Os cientistas dessa época não se preocupavam muito com limites éticos, e não era raro que dessem um jeito de contornar a verdade quando ela não se mostrava muito a seu gosto.

Dentre as muitas histórias que circulam a seu respeito, diz-se, por exemplo, que Tales era particularmente distraído. O erudito de Mileto teria sido o primeiro espécime de uma longa tradição de cientistas desmiolados! Conta uma anedota que certa noite ele foi visto caindo em um poço quando passeava de nariz empinado, observando as estrelas. Uma outra diz que morreu, com quase 80 anos, quando assistia a uma competição esportiva: teria ficado de tal maneira encantado com o espetáculo que esqueceu-se de beber e comer.

Suas proezas científicas também estão envoltas em histórias insólitas. Tales teria sido o primeiro a prever corretamente um eclipse solar. Esse eclipse ocorreu em plena batalha entre medos e lídios nas margens do rio Hális, no oeste da atual Turquia. Com o cair da noite em pleno dia, os combatentes, julgando tratar-se de uma mensagem dos deuses, decidiram imediatamente firmar a paz. Hoje em dia, prever eclipses ou reconstituir os do passado é uma brincadeira de criança para os nossos astrônomos. Graças a eles, sabemos que esse eclipse ocorreu a 28 de maio de 584 a.C., fazendo da batalha do Hális o acontecimento histórico mais antigo que pode de ser datado com tal precisão!

É durante uma viagem ao Egito que Tales obtém aquele que seria considerado seu maior êxito. Conta-se que o faraó Amósis em pessoa lhe fez o desafio de medir a altura da grande pirâmide. Até então, os eruditos egípcios consultados a respeito tinham fracassado. Tales não só aceita o desafio como o faz com elegância, valendo-se de um método particularmente astucioso. O erudito de Mileto plantou um bastão verticalmente no solo e esperou o momento do dia em que o comprimento da sombra projetada fosse igual à altura do objeto. Nesse exato momento, mandou medir a sombra da pirâmide, que também devia ser igual à sua altura. E pronto!

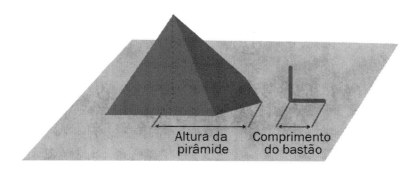

Um belo conto, mas também nesse caso a realidade histórica é incerta. E, por sinal, contada assim, a anedota evidencia um grande desprezo pelos eruditos egípcios da época, pois papiros como o de Ahmes demonstram que eles sabiam perfeitamente calcular a altura de suas pirâmides mais de mil anos antes da chegada de Tales! Onde está então a verdade? Tales de fato mediu a altura da pirâmide? Foi o primeiro a usar o método da sombra? E se ele tivesse medido apenas a altura de uma oliveira diante de sua casa em Mileto? Seus discípulos é que teriam tratado de embelezar a história depois da sua morte. Mas uma coisa é certa: provavelmente nunca teremos como saber.

Seja como for, a geometria de Tales é perfeitamente real, e tenha ela sido aplicada à grande pirâmide ou a uma oliveira, o fato é que o método da sombra não deixa de ser genial. Esse método constitui um caso particular de uma propriedade a que hoje é dado o seu nome: o Teorema de Tales. Vários outros resultados matemáticos são atribuídos a Tales: todo diâmetro divide o círculo em duas partes iguais (fig. 1); os ângulos da base de um triângulo isósceles são iguais (fig. 2); os ângulos opostos pelo vértice são iguais (fig. 3); se um triângulo tiver os três vértices num círculo e um lado passando pelo centro desse círculo, esse triângulo será retângulo (fig. 4). Este último enunciado, por sinal, às vezes também é chamado de teorema de Tales.

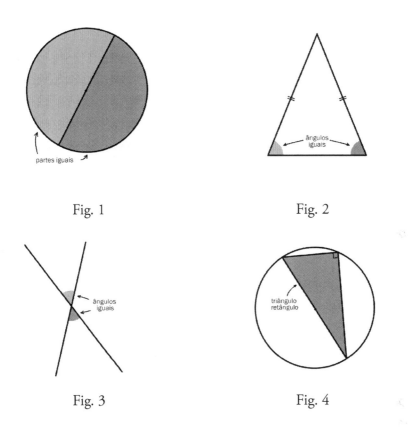

Fig. 1 Fig. 2 Fig. 3 Fig. 4

Vamos, então, nos deter nessa estranha palavra que ao mesmo tempo fascina e assusta: o que é um teorema? Etimologicamente, a palavra vem das raízes gregas *théa* (contemplação) e *horáô* (olhar, ver). Assim, um teorema seria uma espécie de observação do mundo matemático, um fato que tenha sido constatado, examinado e então anotado pelos matemáticos. Os teoremas podem ser transmitidos por via oral ou escrita, e se assemelham às receitas da vovó ou às sabedorias meteorológicas comprovadas ao longo das gerações e em cuja veracidade se acredita. Uma andorinha não faz verão, a folha de louro faz bem para o reumatismo e o triângulo 3-4-5 tem um ângulo reto. São coisas que julgamos verdadeiras e das quais procuramos nos lembrar para voltar a usá-las no momento adequado.

Por essa definição, os mesopotâmicos, os egípcios e os chineses também enunciavam teoremas. Mas a partir de Tales os gregos vão lhes conferir uma nova dimensão. Para eles, não só o teorema deve enunciar uma verdade matemática, como esta deve ser formulada da maneira mais genérica possível e ser validada por uma demonstração.

Voltemos a uma das propriedades atribuídas a Tales: o diâmetro de um círculo o divide em duas partes iguais. Semelhante afirmação pode parecer decepcionante da parte de um cientista da envergadura de Tales! É algo que parece evidente. Como é que se teve de esperar até o século VI antes da nossa era para uma afirmação tão trivial ser enunciada? Os eruditos egípcios e babilônicos certamente deviam sabê-lo havia muito tempo.

Não devemos nos enganar, porém. A audácia da propriedade enunciada pelo erudito de Mileto não está tanto no conteúdo, mas na formulação. Tales ousa falar de um círculo sem especificar qual! Para enunciar a mesma regra, babilônicos, egípcios e chineses teriam recorrido a um exemplo. Ao se traçar um círculo de raio 3 e um de seus diâmetros, diriam eles, esse círculo é dividido em duas partes iguais por esse diâmetro. E se um exemplo não bastar para entender a regra, é dado um segundo, um terceiro, um quarto. Tantos exemplos quantos forem necessários para que o leitor compreenda que pode repetir a mesma operação em cada círculo que encontrar. Mas a afirmação genérica nunca é formulada.

Tales vai mais adiante. Tome um círculo qualquer de sua escolha, não quero saber qual. Ele pode ser gigantesco ou minúsculo. Que seja traçado na horizontal, na vertical ou num plano inclinado, para mim é indiferente. Estou pouco ligando para o seu círculo específico e a maneira como foi traçado. Apesar disso, no entanto, afirmo que seu diâmetro o corta em duas partes iguais!

Com essa operação, Tales atribui definitivamente às figuras geométricas a condição de objetos matemáticos abstratos. Essa etapa do pensamento é semelhante àquela que, dois mil anos antes, levara os mesopotâmicos a considerar os números independentemente dos objetos contados. Um círculo não é mais uma figura traçada na terra, numa tabuleta ou num papiro. O círculo torna-se uma ficção, uma ideia, um ideal abstrato do qual as representações reais não passam de manifestações imperfeitas.

A partir de agora, as verdades matemáticas poderão ser enunciadas de maneira concisa e genérica, independentemente dos diversos casos particulares a que remetam. A esses enunciados é que os gregos passam a dar o nome de teoremas.

Tales teve vários discípulos em Mileto. Os dois mais famosos foram Anaxímenes e Anaximandro. Anaximandro por sua vez também teve discípulos, e entre eles estava Pitágoras, que daria seu nome ao teorema mais famoso de todos os tempos.

Pitágoras nasceu no século VI antes da nossa era na ilha de Samos, ao largo da atual Turquia, a poucos quilômetros da cidade de Mileto. Depois de uma juventude de aprendizado, viajando pelo mundo antigo, Pitágoras passou a residir na cidade de Crotona, no sudeste da atual Itália. Lá é que fundaria sua escola, em 532 a.C.

Pitágoras e seus discípulos não são apenas matemáticos e cientistas, mas também filósofos, religiosos e políticos. Por outro lado, devemos reconhecer que, se fosse transposta para nossa época, a comunidade iniciada por Pitágoras certamente seria tomada por uma seita das mais obscuras e perigosas. A vida dos pitagóricos é regida por um conjunto de regras precisas. Quem quiser entrar para a escola tem de passar por um período de cinco anos de silêncio. Os pitagóricos nada possuem em caráter individual: todos os seus bens são de uso comum. Para se identificarem, eles usam diferentes símbolos, como a "tetractys" e o pentagrama em forma de estrela de cinco pontas. Por outro lado, os pitagóricos se consideram pessoas esclarecidas, acreditando, portanto, que lhes deve caber o poder político. Haveriam de opor firme resistência às revoltas das cidades que recusavam sua autoridade. E foi numa dessas rebeliões que Pitágoras morreu, aos 85 anos.

Também é impressionante a quantidade de lendas de todos os tipos inventadas em torno de Pitágoras. Vejam como seus discípulos não careciam de imaginação. Segundo eles, seu mestre seria filho do deus Apolo. E por sinal o nome Pitágoras significa literalmente "aquele que foi anunciado pela Pitonisa": a Pitonisa de Delfos era o oráculo do templo de Apolo, e teria anunciado aos pais de Pitágoras o nascimento dele pouco antes de sua ocorrência. Segundo o oráculo, Pitágoras estava destinado a se tornar o mais belo e sábio dos homens. Já nascendo dotado, o erudito grego certamente estava predestinado a grandes feitos. Pitágoras se recordava de todas as suas vidas anteriores. Fora, em particular, um dos heróis da guerra de Troia, com o nome de Eufórbio. Na juventude, Pitágoras participou dos Jogos Olímpicos e venceu todas as provas de pugilato (predecessor do nosso boxe). Criou as primeiras escalas musicais. Foi capaz de caminhar no ar. Morreu e ressuscitou. Tem habilidades de adivinho e curandeiro. Dá ordens aos animais. Pitágoras tem uma coxa de ouro.

Se a maioria dessas lendas é absurda o suficiente para não merecer atenção, no caso de outras, em compensação, é difícil se pronunciar. Seria verdade, por exemplo, que Pitágoras foi o primeiro a usar a palavra "matemática"? Os fatos são tão fantasiosos que certos historiadores chegaram a levantar a hipótese de que Pitágoras tenha sido um personagem puramente fictício, imaginado pelos pitagóricos para lhes servir de figura tutelar.

Sendo assim, não podendo nos informar melhor sobre o homem, voltemos ao que lhe valeria ainda ser conhecido por todos os estudantes do mundo mais de 2.500 anos depois de sua morte: o Teorema de Pitágoras! E o que nos diz esse famoso teorema? Seu enunciado pode parecer surpreendente, pois ele estabelece um vínculo entre dois conceitos matemáticos que aparentam não ter qualquer relação: os triângulos retângulos e os números quadrados.

Retomemos nosso triângulo retângulo preferido, o 3-4-5. A partir do comprimento de seus três lados, é possível construir três números quadrados: 9, 16 e 25.

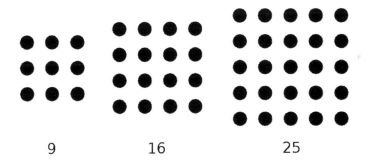

Podemos então notar uma estranha coincidência: 9 + 16 = 25. A soma dos quadrados dos lados 3 e 4 é igual ao quadrado do lado 5. Caberia supor a ocorrência de um acaso, mas se tentarmos reproduzir esse cálculo com outro triângulo retângulo, a coisa continua funcionando. Tomemos por exemplo o triângulo 65-72-97 encontrado na tabuleta babilônica de Plimpton. Os três números quadrados correspondentes são 4.225, 5.184 e 9.409. E o resultado é o mesmo: 4.225 + 5.184 = 9.409. Com números tão altos, fica difícil acreditar numa simples coincidência.

Você pode experimentar com todos os triângulos retângulos que desejar, pequenos ou grandes, estreitos ou largos, a coisa sempre funciona! Num triângulo retângulo, a soma dos quadrados dos dois lados que formam o ângulo reto sempre é igual ao quadrado do terceiro lado (chamado de hipotenusa). E também funciona no sentido inverso: se, num triângulo, a soma dos quadrados dos dois lados menores é igual ao quadrado do lado maior, trata-se de um triângulo retângulo. Eis o Teorema de Pitágoras!

Naturalmente, não sabemos de fato se Pitágoras ou seus discípulos contribuíram para esse teorema. Embora os babilônicos nunca o tenham formulado sob a forma genérica que acabamos de ver, é muito provável que já conhecessem esse resultado mais de mil anos antes. Caso contrário, como poderiam ter descoberto com tal precisão os triângulos retângulos presentes na tabuleta de Plimpton? É provável que os egípcios e os chineses também conhecessem o teorema. Que por sinal seria claramente enunciado nos comentários acrescidos a *Os nove capítulos* nos séculos subsequentes a sua redação.

Certos relatos afirmam que Pitágoras teria sido o primeiro a fazer uma demonstração do teorema. Mas nenhuma fonte digna de crédito permite confirmá-lo, e a mais antiga demonstração que chegou até nós só se encontra em *Os elementos* escritos por Euclides três séculos depois.

5
Um pouco de método

A questão da prova seria um dos principais empreendimentos da matemática grega. Nem um só teorema poderia ser validado se não fosse acompanhado de uma demonstração, ou seja, de um raciocínio lógico preciso que estabelecesse sua veracidade de forma definitiva. Cabe lembrar que sem a garantia das demonstrações, os resultados matemáticos podem reservar algumas surpresas desagradáveis. Certos métodos, apesar de reconhecidos e amplamente utilizados, nem sempre funcionam tão bem assim.

Vejamos, então! Lembra-se da construção do papiro de Rhind para traçar um quadrado e um disco de área igual? Pois bem, ela é falsa. Não muito, é verdade, mas ainda assim falsa. Quando medimos as superfícies com precisão, elas diferem em aproximadamente 0,5%! Pois muito bem, para os agrimensores e outros geômetras de campo, uma precisão assim é mais que suficiente, mas para os matemáticos teóricos é inadmissível.

O próprio Pitágoras caiu na armadilha das hipóteses falsas. Seu erro mais conhecido tem a ver com os comprimentos comensuráveis. Ele considerava que em geometria dois comprimentos sempre são comensuráveis, ou seja, é possível encontrar uma unidade pequena o bastante para medi-los simultaneamente. Imagine uma linha de 9 centímetros e outra de 13,7 centímetros. Os gregos não conheciam os números com vírgula, mediam os comprimentos exclusivamente com números inteiros. Assim, para eles, a segunda linha não pode ser medida em centímetros. Mas não seja por isso: basta, nesse caso, tomar uma unidade dez vezes menor e dizer que as duas linhas medem respectivamente 90 e 137 milímetros. Pitágoras estava convencido de que duas linhas quaisquer, fossem quais fossem seus comprimentos, sempre eram comensuráveis caso se encontrasse a unidade de medida adequada.

Mas essa convicção foi invalidada por um pitagórico chamado Hipaso de Metaponto. Ele descobriu que, num quadrado, o lado e a diagonal são incomensuráveis! Qualquer que seja a unidade de medida escolhida, não é possível medir ao mesmo tempo o lado do quadrado e sua diagonal com números inteiros. Hipaso fez a demonstração lógica disso, não deixando a respeito qualquer margem a dúvida. Pitágoras e seus discípulos ficaram tão contrariados que Hipaso foi expulso da escola. Conta-se até que essa descoberta fez com que ele fosse jogado no mar pelos colegas!

Para os matemáticos, essas anedotas são aterrorizantes. Acaso se pode alguma vez estar certo de alguma coisa? Será que se viverá no permanente temor de que cada descoberta matemática um dia venha a desmoronar? E o triângulo 3-4-5? Estamos de fato certos de que seja retângulo? Não corremos o risco de descobrir um belo dia que o ângulo que até então parecia perfeitamente reto também o é apenas mais ou menos?

Ainda hoje, não é raro que os matemáticos sejam vítimas de intuições enganosas. Por isso é que, dando prosseguimento à busca de rigor dos seus colegas gregos, nossos matemáticos atualmente tomam grande cuidado em estabelecer a diferença entre os enunciados demonstrados, a que dão o nome de "teoremas", e aqueles que consideram verdadeiros, mas para os quais ainda não dispõem de prova, chamam de "conjecturas".

Uma das conjecturas mais famosas da nossa época chama-se hipótese de Riemann. Muitos matemáticos têm suficiente confiança na veracidade dessa hipótese não demonstrada para integrá-la à base de suas investigações. Se um

UM POUCO DE MÉTODO

dia essa conjectura vier a se tornar um teorema, seus trabalhos serão validados. Mas se ela for invalidada, trabalhos de vidas inteiras de investigação vão desmoronar junto com ela. Nossos cientistas do século XXI certamente são mais razoáveis que seus antepassados gregos, mas daria para entender se, em tais condições, o matemático que viesse a anunciar a falsidade da hipótese de Riemann despertasse instintos de afogamento em certos colegas.

Para escapar a essa permanente angústia do desmentido é que os matemáticos precisam de demonstrações. Não, nós nunca vamos descobrir que o 3-4-5 não é retângulo. Ele é retângulo, com toda certeza. E essa certeza decorre do fato de o teorema de Pitágoras ter sido demonstrado. Todo triângulo cuja soma dos quadrados dos dois lados menores seja igual ao quadrado do terceiro é um triângulo retângulo. Esse enunciado sem dúvida não passava de uma conjectura para os mesopotâmicos. Só que com os gregos tornou-se um teorema. Ufa!

Mas afinal de contas, como é uma demonstração? O teorema de Pitágoras não é apenas o mais famoso dos teoremas, mas também um dos que foram objeto do maior número de demonstrações diferentes. Elas somam várias dezenas. Algumas foram descobertas independentemente por civilizações que nunca tinham ouvido falar de Euclides nem de Pitágoras. É o caso, por exemplo, das demonstrações encontradas nos comentários de *Os nove capítulos* chineses. Outras são obra de matemáticos que já sabiam ter sido provado o teorema, mas que, por espírito de aventura ou para deixar sua marca pessoal, quiseram estabelecer novas provas. Entre eles encontramos alguns nomes famosos, como os do inventor italiano Leonardo da Vinci e do vigésimo presidente dos Estados Unidos, James Abram Garfield.

Um dos princípios que encontramos em várias dessas demonstrações é o do quebra-cabeça: se duas figuras geométricas puderem ser formadas a partir das mesmas peças, terão a mesma área. Veja esta forma concebida pelo matemático chinês Liu Hui, no século III.

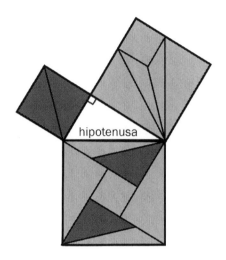

Os dois quadrados formados dos dois lados do ângulo reto do triângulo retângulo central são compostos respectivamente de duas e cinco peças. Essas mesmas sete peças compõem o quadrado formado na hipotenusa. Assim, a área do quadrado da hipotenusa é igual à soma das áreas dos dois quadrados menores. E como a área de um quadrado é igual ao quadrado do número associado ao comprimento do seu lado, isso efetivamente demonstra que o Teorema de Pitágoras é verdadeiro.

Não vamos aqui entrar em detalhes, mas é claro que, para que a demonstração seja completa, convém demonstrar que todas as peças são rigorosamente idênticas e que a representação funciona para todos os triângulos retângulos.

Pois bem! Voltemos ao encadeamento das nossas deduções. Por que o 3-4-5 é retângulo? Porque ele confirma o Teorema de Pitágoras. E por que o Teorema de Pitágoras é verdadeiro? Porque a configuração de Liu Hui mostra que o quadrado da hipotenusa é formado pelas mesmas peças que os dois quadrados dos lados do ângulo reto. Até parece o jogo do "por que" tão apreciado pelas crianças. O problema é que esse joguinho tem o grave defeito de não acabar nunca. Qualquer que seja a resposta a uma pergunta, sempre é possível questionar de novo essa resposta. Por quê? Sim, por quê?

UM POUCO DE MÉTODO

Retornemos ao nosso quebra-cabeça: dissemos que, sendo formadas a partir das mesmas peças, duas figuras tinham a mesma área. Mas acaso demonstramos que esse princípio sempre é verdadeiro? Não seria possível encontrar peças de quebra-cabeça de área variável em função da maneira como sejam configuradas? Uma proposição assim parece absurda, não é mesmo? Tão absurda que seria um despropósito tentar demonstrá-la... Mas nós acabamos de reconhecer que em matemática é importante demonstrar tudo. Será que vamos agora abrir mão dos nossos princípios, momentos depois de tê-los adotado?

A situação é grave. Tanto mais que, mesmo que conseguíssemos explicar por que o princípio do quebra-cabeça é verdadeiro, ainda teríamos de justificar os raciocínios que vamos usar com esse objetivo!

Os matemáticos gregos efetivamente se conscientizaram desse problema. Para fazer uma demonstração, é necessário poder partir de algum lugar. Acontece que qualquer obra da matemática em sua primeira fase não pode ser demonstrada, precisamente por ser a primeira. Desse modo, toda construção matemática deve começar admitindo certo número de evidências prévias. Evidências que servirão de alicerce a todas as deduções que se seguirão, e que, portanto, devem ser escolhidas com o maior cuidado.

Essas evidências são chamadas de "axiomas" pelos matemáticos. Os axiomas são enunciados matemáticos — que também podem ser teoremas ou conjecturas —, mas, ao contrário destes, não têm demonstração nem precisam tê-la. São reconhecidos como verdadeiros.

Os elementos redigidos por Euclides no século III antes da nossa era formam um conjunto de treze livros que tratam principalmente de geometria e aritmética.

Não sabemos muito sobre Euclides, e as fontes a seu respeito são bem mais raras do que no caso de Tales ou Pitágoras. É possível que ele tenha vivido na região de Alexandria. Outros levantaram a hipótese, como já ocorrera no caso de Pitágoras, de que ele não tenha sido um homem, mas um grupo de cientistas. Porém esse não parece ser o caso.

Apesar das poucas informações de que dispomos sobre ele, Euclides nos deixou, com seu *Os elementos*, uma obra monumental. Esse trabalho é unanimemente considerado um dos maiores textos da história da matemática, por ter sido o primeiro a adotar uma abordagem axiomática. A construção de *Os elementos* é incrivelmente moderna, e sua estrutura, muito próxima da que ainda hoje é usada pelos matemáticos. No fim do século XV, *Os elementos* está entre as primeiras obras impressas nas novas prensas de Gutenberg. A obra de Euclides seria hoje em dia o segundo texto com maior número de edições na história, logo depois da Bíblia.

No primeiro livro de *Os elementos*, que trata da geometria plana, Euclides postula os cinco axiomas seguintes:

1. *Por dois pontos quaisquer pode ser traçado um segmento de reta;*
2. *Um segmento de reta pode ser prolongado indefinidamente dos dois lados;*
3. *Dado um segmento, é possível traçar um círculo cujo raio seja esse segmento e cujo centro seja uma das extremidades do segmento;*
4. *Todos os ângulos retos podem ser sobrepostos;*
5. *Se duas retas cruzam uma terceira, de tal maneira que a soma dos ângulos internos de um dos lados seja inferior a dois ângulos retos, então essas duas retas se cruzarão nesse lado.**

---

* Esse axioma, claramente mais complexo que os outros quatro, causaria muitos debates entre os matemáticos. Na figura a seguir, a soma dos dois ângulos indicados é inferior a dois ângulos retos, e em consequência as retas 1 e 2 se cruzam no lado desses dois ângulos.

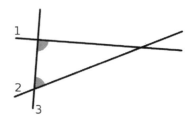

UM POUCO DE MÉTODO

Segue-se toda uma série de teoremas impecavelmente demonstrados. Em cada um deles, Euclides utiliza apenas seus cinco axiomas ou os resultados anteriormente estabelecidos. O último teorema do primeiro livro é um velho conhecido nosso, pois se trata do Teorema de Pitágoras.

Depois de Euclides, muitos outros matemáticos se debruçariam sobre a questão da escolha dos axiomas. Muitos ficaram particularmente intrigados e perturbados pelo quinto. Com efeito, esse axioma é muito menos elementar que os outros quatro a ele associados. Seria, às vezes, substituído por outro enunciado mais simples, mas levando às mesmas conclusões: *por um ponto, é possível traçar uma, e só uma, reta paralela a uma dada reta.* Os debates sobre a escolha do quinto axioma prosseguiram até o século XIX, quando acabaram levando à criação de novos modelos geométricos em que esse axioma é falso!

Os enunciados dos axiomas apresentam um outro problema: o problema das definições. O que significam todas essas palavras utilizadas: pontos, segmentos, ângulos, círculos? Como no caso das demonstrações, aqui a questão das definições também não tem fim. A primeira definição deve ser expressa por palavras que não tenham sido definidas antes.

Em *Os elementos*, as definições antecedem os axiomas. A primeira frase do primeiro livro é a definição do ponto.

O ponto é aquilo que não tem partes.

E tratem de se virar com isso! O que Euclides quer dizer com essa definição é que o ponto é a menor figura geométrica possível. Impossível montar quebra-cabeças com um ponto, pois ele não pode ser desmembrado, não tem partes. Em 1632, numa das primeiras edições francesas de *Os elementos*, o matemático Denis Henrion enriquece um pouco a definição em seus comentários, especificando que o ponto não tem comprimento nem largura nem espessura.

Essas definições negativas nos deixam um tanto céticos. Dizer o que o ponto não é não é exatamente dizer o que ele é! Mas, apesar disso, quem seria capaz de propor algo melhor? Em certos manuais escolares do início do século XX, às vezes se encontrava a seguinte definição: *um ponto é um traço deixado por um lápis de ponta fina apoiado numa folha de papel.* De ponta fina! Dessa vez, temos algo concreto. Mas essa definição teria indignado Euclides, Pitágoras e Tales, que tanto trabalho haviam tido para traçar figuras geométricas dos objetos abstratos e idealizados. Nenhum lápis, por mais fina que fosse sua ponta, poderia deixar um traço efetivamente desprovido de comprimento, largura e espessura.

Em suma, ninguém sabe de fato dizer o que é um ponto, mas todo mundo está praticamente convencido de que a ideia é suficientemente simples e clara para não dar margem à ambiguidade. Todos nós temos certeza de que dizemos a mesma coisa quando usamos a palavra *ponto*.

Sobre esse ato de fé nas primeiras definições e nos axiomas é que será edificada toda a geometria. E, à falta de um melhor, sobre esse mesmo modelo é que acabará sendo construída toda a matemática moderna.

Definições — Axiomas — Teoremas — Demonstrações: o caminho traçado por Euclides determina o que seria a rotina da matemática posterior a ele. Mas, à medida que as teorias se estruturam e se ampliam, novos grãos de areia viriam a se introduzir no sapato dos matemáticos: os paradoxos.

Um paradoxo é algo que deveria funcionar, mas não funciona. Uma contradição aparentemente insolúvel. Um raciocínio que parece perfeitamente justo, mas, apesar disso, conduz a um resultado completamente absurdo. Imagine só se você estabelecesse uma lista de axiomas que lhe parecessem incontestáveis, porém ainda assim viesse a deduzir deles teoremas evidentemente falsos. Um pesadelo!

Um dos mais famosos paradoxos foi atribuído a Eubulides de Mileto, envolvendo uma declaração do poeta Epimênides. Este teria afirmado certa vez: "Os cretenses são mentirosos." O problema é que o próprio Epimênides era de Creta! Em consequência, se o que ele diz é verdade, trata-se de um mentiroso... Logo, o que ele diz é falso. Mas se, pelo contrário, sua frase é falsa, então ele está mentindo, e a frase de fato diz a verdade! Muitas variantes do mesmo paradoxo seriam posteriormente inventadas, consistindo a mais simples delas em uma pessoa declarando: "Eu minto."

O paradoxo do mentiroso volta a questionar uma ideia preconcebida segundo a qual toda frase deve ser verdadeira ou falsa. Não existe uma terceira possibilidade. Na matemática, isso leva o nome de princípio do terceiro excluído. À primeira vista, seria tentador transformar tal princípio num axioma. Mas o paradoxo do mentiroso nos previne: a situação é mais complexa. Se um enunciado vem a afirmar sua própria falsidade, então, logicamente, ele não pode ser considerado verdadeiro nem falso.

Essa curiosidade não impediria que a maioria dos matemáticos, até a nossa época, considerasse o terceiro excluído como verdadeiro. Afinal, o paradoxo do mentiroso não é de fato um enunciado matemático, e seria possível considerá-lo antes como uma incoerência linguística do que uma contradição lógica. Entretanto, mais de 2 mil anos depois de Eubulides, filósofos especializados em lógica descobririam que paradoxos do mesmo tipo também podem se manifestar nas mais rigorosas teorias, acarretando uma profunda reviravolta na matemática.

O grego Zelão de Eneia, que viveu no século V antes da nossa era, também se tornou um mestre na arte de criar paradoxos. Cerca de dez são atribuídos a ele. Um dos seus paradoxos mais conhecidos é o de Aquiles e da tartaruga.

Imagine uma corrida entre Aquiles, notável atleta, e uma tartaruga. Para equilibrar as chances, certa vantagem é concedida à tartaruga; digamos cem metros, por exemplo. Apesar disso, parece certo que Aquiles, correndo com rapidez muito maior, acabará por alcançar a tartaruga. Zenão, contudo, nos afirma o contrário.

Ele propõe que a corrida seja analisada em várias etapas. Para alcançar a tartaruga, Aquiles precisa, para começar, percorrer os cem metros que o separam dela. Enquanto ele vence esses cem metros, a tartaruga também terá avançado um pouco, ainda restando, portanto, um trecho a ser percorrido para que Aquiles a alcance. Mas quando ele tiver percorrido esse caminho, a tartaruga terá avançado um pouco mais ainda. Assim, ele terá de correr mais um pequeno trecho, ao fim do qual a tartaruga novamente terá avançado mais.

Em suma, toda vez que Aquiles chega ao ponto anteriormente ocupado pela tartaruga, ela avançou um pouco, e ainda não é alcançada. E assim continuará, qualquer que seja o número de etapas contemplado. Desse modo, Aquiles parece fadado a sempre se aproximar da tartaruga sem jamais conseguir ultrapassá-la.

Absurdo, não é mesmo? Basta fazer a experiência para constatar que o corredor certamente vai ultrapassar a tartaruga. E, no entanto, o raciocínio se mantém de pé, parecendo difícil detectar nele algum erro lógico.

Os matemáticos levariam muito tempo para entender esse paradoxo que brinca astuciosamente com o infinito. Se os corredores forem em linha reta, sua trajetória poderá ser equiparada ao que Euclides chama de um segmento. Um segmento tem comprimento infinito, muito embora seja formado por uma infinidade de pontos, todos eles de comprimento igual a zero. De certa maneira, portanto, o infinito contém o infinito. O paradoxo de Zenão decompõe o intervalo de tempo que Aquiles levará para alcançar a tartaruga numa infinidade de intervalos cada vez menores. Essa infinidade de etapas, no entanto, cabe perfeitamente em um tempo finito, o que de modo algum impede Aquiles de alcançar a tartaruga, uma vez decorrido esse tempo.

O conceito de infinito em matemática certamente seria a maior fonte de paradoxos, mas também a origem das teorias mais fascinantes.

Ao longo da história, os matemáticos teriam uma relação ambígua com os paradoxos. Por um lado, representam o maior perigo enfrentado por eles.

UM POUCO DE MÉTODO

Se uma teoria acaso der origem a um paradoxo, todos os seus fundamentos desmoronam e, portanto, também todos os teoremas que se baseavam em seus axiomas. Por outro lado, no entanto, que maravilhosos desafios! Os paradoxos são uma fonte de questionamentos extremamente fértil e entusiasmante. Se há paradoxo, é porque alguma coisa nos escapou. Entendemos mal determinado conceito, postulamos mal uma definição, escolhemos mal um axioma. Estávamos tomando como evidente algo que não o era tanto. Os paradoxos são um convite à aventura. Um convite a repensar até nossas convicções mais íntimas. Quantas ideias novas e teorias originais não nos teriam escapado se os paradoxos não estivessem aí para nos empurrar na direção delas?

Os paradoxos de Zenão inspirariam novas concepções do infinito e da medida. O paradoxo do mentiroso levaria os lógicos a uma busca cada vez mais afiada dos conceitos de verdade e demonstrabilidade. Ainda hoje, muitos pesquisadores analisam fenômenos matemáticos que já se encontravam em germe nos paradoxos dos cientistas gregos.

Em 1924, os matemáticos Stefan Banach e Alfred Tarski expuseram um paradoxo que hoje leva seus nomes, e que questiona o próprio princípio dos quebra-cabeças. Por mais evidente que pareça, esse princípio pode se verificar errado. Banach e Tarski descreveram um quebra-cabeça em três dimensões cujo volume varia em função da maneira como as partes são encaixadas! Voltaremos a isso. Mas as peças que eles imaginaram são tão estranhas e disparatadas que nada têm a ver com as figuras geométricas que eram manuseadas pelos geômetras gregos. Podemos ficar tranquilos: o princípio dos quebra-cabeças continua válido enquanto as peças tiverem formas de triângulos, quadrados ou outras figuras clássicas. A prova do Teorema de Pitágoras feita por Liu Hui continua de pé.

Que isso nos sirva de lição! Devemos desconfiar das evidências e nos deixar maravilhar e surpreender pelos mistérios desse mundo matemático que os cientistas gregos abriram para nós.

6
De π a pior

No dia 14 de março de 2015, eu faço uma visita ao Palácio da Descoberta. Hoje é dia de festa!

No início da década de 1930, o físico francês e vencedor do Prêmio Nobel Jean Perrin concebe um projeto de centro científico para despertar o interesse do grande público pelos avanços da pesquisa em todos os campos da ciência. O Palácio da Descoberta é erguido em 1937, a dois passos dos Champs-Élysées, ocupando toda a ala oeste do Grand Palais, com uma área de 25 mil metros quadrados. As exposições, que deviam durar apenas seis meses, fazem tanto sucesso que já em 1938 o provisório se transforma em definitivo. Oitenta anos depois da abertura, o estabelecimento ainda recebe centenas de milhares de visitantes por ano.

Saindo do metrô, subo a avenida Franklin Roosevelt em direção à entrada do Palácio. Ao chegar à escadaria frontal, um detalhe atrai minha atenção: 4, 2, 0, 1, 9, 8, 9. Uma estranha procissão de números impressos ondula no chão, sobe a escada e parece serpentear até o interior do prédio. Estranho mesmo! Da última vez que estive aqui, esses números não estavam aí. Eu os sigo: 1, 3, 0, 0, 1, 9. Entro no palácio. Eles continuam me acompanhando: 1, 7, 1, 2, 2, 6. Eles atravessam a rotunda central e se projetam na direção da escadaria, 7, 6, 6, 9, 1, 4. Eu subo os degraus de quatro em quatro, passo pela entrada do planetário e viro à esquerda, 5, 0, 2, 4, 4, 5. Os números me levam diretamente ao departamento de matemática. Eu os vejo se enrolando, saindo do chão e subindo pela parede, 5, 1, 8, 7, 0, 7. Por fim, eles voltam à sua origem. Estou no centro de um grande compartimento circular, os números vermelhos e negros aumentaram, subindo cada vez mais alto, num verdadeiro turbilhão. Finalmente, meus olhos captam o início da série: 3, 1, 4, 1, 5... Estou no coração de um dos lugares emblemáticos do Palácio da Descoberta: a sala π.

O número π é sem dúvida alguma a mais famosa e a mais fascinante das constantes matemáticas. A forma circular da sala me lembra que seu valor está intimamente ligado à geometria do círculo: trata-se do número pelo qual é necessário multiplicar o diâmetro de um círculo para encontrar seu perímetro. E por sinal a letra π (pronuncia-se "pi") é a décima sexta letra do alfabeto grego, equivalendo ao nosso "p" e à letra inicial da palavra perímetro. O número π não é muito alto, pouco mais que 3, mas seu desdobramento decimal é infinito: 3,14159265358979...

Normalmente, são os 704 primeiros decimais do número que os visitantes veem se enroscando nas paredes arredondadas da sala π. Mas hoje os números estão de saída! Eles invadem todo o Palácio, exibindo-se até na rua. Agora já são mais de mil decimais. Mas cabe lembrar que é uma data histórica. O dia 14 de março de 2015 é o Dia do π mais completo do século!

A primeira edição do "π Day" ocorreu em 14 de março de 1988, no Exploratorium, primo americano do Palácio da Descoberta, situado no coração de San Francisco. O décimo quarto dia do terceiro mês, ou seja, 03/14 (na notação americana, o mês vem antes do dia), era a data perfeita para comemorar o número π, que habitualmente é aproximado por 3,14, com dois algarismos depois da vírgula. Desde então, a iniciativa passou a ser seguida por muitos apaixonados pelo assunto em todo o mundo, que anualmente se encontram para comemorar a constante e, por meio dela, a própria matemática. A festa ganhou tal amplitude que, em 2009, o "π Day" foi oficialmente reconhecido pela Câmara dos Representantes dos Estados Unidos.

No ano de 2015, os aficionados de π esperavam seu dia com ainda mais impaciência. Hoje é dia 03/14/15, acrescentando dois algarismos à coincidência da data e da constante. Esta edição será grandiosa. Toda a equipe de matemática do Palácio da Descoberta está a postos. E também é por esse motivo que eu estou aqui. Juntamente com outros colegas, vou contribuir para um dia rico em experiências matemáticas.

Se o número π foi revelado pela geometria, o fato é que veio posteriormente a se disseminar pela maioria dos ramos da matemática. É um número de múltiplas faces. Em aritmética, em álgebra, em análise, em probabilidades, raros são os matemáticos, quaisquer que sejam suas disciplinas, que nunca se depararam com π. Em pleno coração do Palácio da Descoberta, numerosas animações apresentam suas múltiplas facetas na rotunda. Aqui os visitantes são convidados a contar agulhas jogadas aleatoriamente numa tábua. Mais à frente, observam a proporção dos números que aparecem nas tabelas de multiplicação. No chão, crianças cobrem a superfície de um disco com tabuletas de madeira. Um outro grupo está estudando a trajetória de um ponto fixado numa roda que gira sobre um plano. E todos terão o mesmo resultado: 3,1415...

Pouco adiante, um programa propõe aos visitantes buscar as primeiras ocorrências de sua data de nascimento na série dos decimais. Um rapaz está fazendo a experiência: ele nasceu no dia 25 de setembro de 1994. O resultado não demora: a sequência 25091994 aparece no número π a partir do 12.785.022º decimal. Os matemáticos conjecturaram que todas as sequências de algarismos, por mais longas, aparecem em algum momento nos decimais de π. As simulações informáticas parecem confirmá-lo: até agora, todas as sequências buscadas acabaram sendo encontradas. Mas ninguém ainda foi capaz de fazer a demonstração incontestável de que isso sempre acontece.

Uma menina de uns 12 anos se aproxima de mim. Parece intrigada com os estranhos instrumentos que nos cercam, e me dirige um olhar interrogador.

— Você está querendo saber o que é tudo isto, não é mesmo? Já ouviu falar do número π?

— Claro! — exclama ela. — É 3,14. Quero dizer... quase 3,14... A gente estudou na escola. Serve para calcular o perímetro de um círculo. Nós também aprendemos poesia.

— Poesia?

Ela aperta os olhinhos, tentando buscar na lembrança, e começa a recitar.

Sou π, lema e razão engenhosa
de homem sábio, que série preciosa
calculando enunciou, magistral.
Com minha lei singular, bem medido,
o Grande Orbe por fim reduzido
foi ao sistema ordinário habitual.

Eu sorrio ouvindo a cantiga que também tinha aprendido na idade dela. Já a esquecera. Seu mecanismo é particularmente engenhoso: para reconstituir o número π, basta contar o número de letras de cada palavra. "Sou" = 3; "π" = 1; "lema" = 4; e assim por diante. O poema tem muitas variantes em diferentes línguas. Uma das versões mais conhecidas, em inglês, é uma adaptação de um poema de Edgard Allan Poe, no qual se pode encontrar 740 decimais!*

— Muito bem! — respondo a ela. — Acho que eu não seria capaz de me recordar tão bem. Mas diga, o poema completo fala de Arquimedes. Você sabe quem é?

---

* O poema *The Raven* (*O corvo*), escrito por Edgar Allan Poe em 1845, foi adaptado em 1995 por Michael Keith com o título *Near a Raven*, para se adaptar à constante matemática. Ele começa assim: *Poe E.// Near a Raven.// Midnights so dreary, tired and weary. Silently pondering volumes extolling all by-now obsolete lore.*

Essa foi uma pergunta muito difícil para a menina. Ela faz beicinho e dá de ombros. Será necessária uma viagem de resgate. Eu mostro um grande círculo articulado que se decompõe numa infinidade de triângulos encaixados. Nós levantamos voo em direção à Sicília, 2.300 anos atrás, na antiga cidade de Siracusa. É onde Arquimedes nos espera.

As cigarras cantam sob um sol implacável. As ruas são tomadas por perfumes vindos dos quatro cantos do Mediterrâneo. Azeitonas, peixes e passas disputam espaço nas bancas dos vendedores. No norte da cidade, a silhueta imponente do Etna se recorta contra o horizonte. A oeste, as planícies férteis garantem a prosperidade da colônia, enquanto a leste o porto se abre para o mar. Siracusa conquistou sua fama e seu poderio impondo-se como uma das encruzilhadas marítimas mais importantes da região. Fundada cinco séculos antes por colonos gregos de Corinto, a cidade é uma das mais florescentes do litoral mediterrâneo.

É lá que nasce, em 287 a.C., um homem que vai inaugurar, com sua genialidade e inventividade, um novo estilo de matemática. Arquimedes tem a têmpera dos grandes inventores, dos solucionadores de problemas, daqueles que são capazes de ideias decididamente novas e revolucionárias. A ele devemos o princípio da alavanca e o do parafuso. Foi ele que, segundo a lenda, gritou o famoso "Eureka!" quando estava no banho; acabava de surgir em sua mente o princípio físico que hoje leva seu nome: todo corpo mergulhado num líquido sofre um impulso para cima de intensidade igual ao peso do líquido deslocado. Por isso é que os objetos mais leves flutuam na água, ao passo que os mais pesados afundam. Conta-se também que certo dia, estando Siracusa cercada pela esquadra romana, Arquimedes inventou um sistema de espelhos que permitia concentrar os raios do sol para incendiar os navios inimigos que se aproximavam.

Na matemática, é a Arquimedes que devemos os primeiros grandes avanços na pista do número π. Antes dele, outros haviam se interessado pelo círculo, mas muitas vezes seus esforços careciam de rigor. Basta lembrarmos de *Os nove capítulos*: lá encontrávamos campos circulares de 10 bu de diâmetro com circunferência de 30 bu. Dados dessa natureza redundam em afirmar que o número π é igual a 3. No papiro de Ahmes, a resolução aproximada da quadratura do círculo equivale a considerar que π tem valor de cerca de 3,16.

Já Arquimedes entende que é difícil e mesmo impossível calcular um valor exato de π. Ele também terá, assim, de se contentar com estimativas, mas sua abordagem se distingue em dois pontos. Primeiro, ao passo que seus antecessores talvez considerassem dispor de um método exato, o cientista siciliano tem perfeita consciência de contar apenas com valores aproximados. Depois, ele vai calcular a diferença entre suas estimativas e o verdadeiro valor de π, desenvolvendo em seguida métodos que permitiam reduzir cada vez mais essa defasagem.

Com seus cálculos, ele acaba concluindo que o valor buscado está compreendido entre dois números que, escritos no nosso atual sistema decimal, ficam aproximadamente entre 3,1408 e 3,1428. Em suma, Arquimedes agora conhece o número π com uma margem de erro de apenas 0,03%.

O Método de Arquimedes

Para estimar o valor de π, Arquimedes aproximou o círculo por meio de polígonos regulares. Tomemos por exemplo um círculo de diâmetro igual a uma unidade e cujo perímetro meça, portanto, π unidades, e depois o inscrevamos num quadrado.

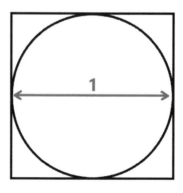

O quadrado tem lado igual a 1 (como o diâmetro do círculo) e, portanto, um perímetro igual a 4. Como o perímetro do círculo é menor que o do quadrado, deduzimos que π é menor que 4.

Se, pelo contrário, inscrevermos um hexágono no círculo, teremos:

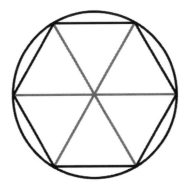

Como o hexágono é formado por seis triângulos equiláteros, cujos lados medem 0,5 unidade (a metade do diâmetro do círculo), o perímetro do hexágono é igual a 6 × 0,5 = 3. Concluímos então que π é maior que 3!

Muito bem, até aqui nada de palpitante. A aproximação entre 3 e 4 continua muito imprecisa. Para estreitar as possibilidades, devemos agora aumentar o número de lados do polígono. Se dividirmos cada lado do hexágono em dois, chegaremos a uma figura de doze lados que se aproxima muito mais do círculo.

Depois de alguns cálculos geométricos exaustivos (baseados principalmente no Teorema de Pitágoras), chegamos à conclusão de que o perímetro do dodecágono mede aproximadamente 3,11. O número π é, portanto, maior que esse valor.

Para chegar à aproximação com erro de 0,001, Arquimedes simplesmente repetiu essa operação mais três vezes. Dividindo cada lado em dois, chegamos a 24, depois 48, para afinal chegar a um polígono de 96 lados!

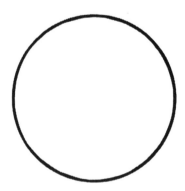

> Não está vendo o polígono? É normal, pois os lados agora estão tão colados no círculo que fica quase impossível distingui-los a olho nu. Foi assim que Arquimedes chegou à conclusão de que π é maior que 3,1408. E ao reiniciar esse processo com polígonos exteriores ao círculo, ele conclui que π é menor que 3,1428.
> O que dá força ao método de Arquimedes não é só o resultado, mas também o fato de ele poder ser estendido. Bastaria continuar subdividindo nossos polígonos para aprimorar mais e mais a aproximação. Teoricamente, portanto, é possível conseguir uma aproximação para o número π tão precisa quanto quisermos, bastando para tanto encarar os cálculos.

Em 212 a.C., as tropas romanas finalmente conseguem entrar em Siracusa. O general Marcus Claudius Marcellus, no comando do assédio da cidade, ordena aos soldados que poupem Arquimedes, então com 75 anos. Mas enquanto sua cidade cai nas mãos do inimigo, o cientista grego está absorto no estudo de um problema de geometria, e não se dá conta de nada. Quando um soldado romano passa por ele, Arquimedes, que traçou suas figuras no solo, diz distraidamente: "Cuidado com meus círculos!" Irritado, o soldado enfia-lhe a espada no corpo.

O general Marcellus mandou erguer para ele um túmulo magnífico, encimado por uma esfera inscrita num cilindro, ilustrando assim um dos seus mais notáveis teoremas. Nos sete séculos seguintes, em momento algum o Império Romano geraria um matemático da têmpera de Arquimedes.

A Antiguidade acabaria sem relevo algum em matéria de matemática. O Império Romano se estenderia por todo o contorno mediterrâneo, e a identidade grega seria diluída nessa nova cultura. Mas uma cidade, por alguns séculos ainda, manteria vivo o espírito dos matemáticos gregos: Alexandria.

Em suas conquistas, Alexandre, o Grande se apoderou do Egito no fim do ano de 332 a.C. Mas lá permaneceria apenas alguns meses, até ser proclamado faraó em Mênfis e promover a fundação de uma nova cidade no litoral mediterrâneo. Alexandre não chegaria a ver a cidade à qual deu seu nome. Ao morrer oito anos depois em Babilônia, seu reino é dividido entre seus generais, cabendo o Egito a Ptolomeu I, que faria de Alexandria sua capital. No seu reinado, a cidade de Alexandre se torna uma das mais prósperas da bacia mediterrânea.

Ptolomeu dá prosseguimento às grandes obras iniciadas por Alexandre. Na extremidade da ilha de Faros, diante da cidade, ele empreende a construção de um monumental farol. Os autores gregos não demorariam a reconhecer no Farol de Alexandria um monumento excepcional, considerando-o o sétimo e último integrante da lista extremamente restrita das Maravilhas do Mundo.

Vamos nos deter aqui por alguns momentos para desfrutar do panorama de rara beleza que se apresenta aos olhos do viajante que teve ânimo para subir as centenas de degraus da escada em caracol que leva ao seu topo. Olhando na direção norte, o mar Mediterrâneo se estende a perder de vista. Daqui, podemos ver os navios mercantes chegando a mais de cinquenta quilômetros. Agora mesmo está passando um bem à nossa frente e entrando no porto, seu interior carregado de mercadorias. Talvez venha de Atenas, de Siracusa ou mesmo Massalia, dinâmica cidade do sul da Gália que um dia viria a ser chamada de Marselha. Voltando agora o olhar para o sul, é o delta do Nilo que se apresenta. A uma distância de cinco quilômetros, vemos uma extensão de água salgada atravessando o delta: o lago de Mareotis. Entre o lago e o mar, numa ampla faixa de terra, a cidade de Alexandria exibe seu esplendor. É uma cidade nova e moderna. Aqui e ali, ainda podemos ver algumas obras em andamento.

Na ilha de Faros, o farol não está sozinho, tendo a companhia do templo de Ísis. Para chegar lá, os alexandrinos têm de passar pelo heptaestádio, um dique de 1.300 metros de comprimento que separa o porto em duas bacias independentes. Do alto do farol, vemos as minúsculas silhuetas dos passantes. Os que voltam para o continente chegam ao bairro real, onde se encontram o palácio de Ptolomeu, o teatro e o templo de Poseidon. Um pouco mais a oeste, um prédio de grande envergadura atrai nossa atenção. Trata-se do Mouseion. É para lá que vamos agora.

Com esse grande museu, destinado a preservar a herança da cultura grega, Ptolomeu queria transformar Alexandria num grande centro cultural capaz de rivalizar com Atenas. E para isso não poupou recursos! Os cientistas que trabalhavam no Mouseion eram paparicados. Tinham moradia, alimentação e eram remunerados pelo trabalho. O rei também colocava à sua disposição uma gigantesca biblioteca. A lendária Biblioteca de Alexandria! Talvez mais até que os grandes cientistas que nele trabalharam, essa biblioteca seria responsável pela fama e o prestígio do Mouseion.

Para encher suas prateleiras, a estratégia de Ptolomeu era simples: todos os navios que faziam escala em Alexandria tinham de entregar os livros que transportavam. Os livros eram então copiados, e a cópia, devolvida ao navio. O original, por sua vez, ia direto para a coleção da biblioteca. Mais tarde, Ptolomeu II, filho e sucessor do primeiro, fez um apelo a todos os reis do mundo para que enviassem exemplares das obras mais famosas de suas respectivas regiões. Ao ser inaugurada, a Biblioteca de Alexandria já contava cerca de 400 mil volumes! E eles chegariam a 700 mil.

O plano de Ptolomeu funcionaria maravilhosamente, e durante mais de sete séculos cientistas e mais cientistas se sucederiam em Alexandria, onde o meio intelectual preservaria a vitalidade que não se encontrava no resto do mundo mediterrâneo.

Entre os residentes mais conhecidos do Mouseion, está Eratóstenes de Cirena, que foi, como sabemos, o primeiro a medir com precisão a circunferência da Terra. Foi lá também que Euclides teria redigido a maior parte de seu *Os elementos*. Um certo Diofanto escreveu no Mouseion uma obra famosa sobre as equações, hoje conhecida pelo seu nome. No século II da nossa era, foi também em Alexandria que Cláudio Ptolomeu (que nada tem a ver com o primeiro) escreveu o *Almagesto*, obra que reúne quantidade considerável de conhecimentos de astronomia e matemática da época. Embora nele Ptolomeu apresente que o Sol gira em torno da Terra, o *Almagesto* se manteria como uma referência até Copérnico apresentar sua contribuição no século XVI.

Em Alexandria não existiam apenas eruditos que escreviam ou produziam novos conhecimentos. Todo um ecossistema de copistas, tradutores, comentaristas de obras e editores se formou em torno do Mouseion. A cidade fervilhava com toda essa população.

Infelizmente, no século IV, tempos de perturbação se iniciam. No dia 16 de junho de 396, o imperador Teodósio I, querendo acelerar a conversão do Império à religião cristã, publica um decreto proibindo todos os cultos pagãos. O Mouseion, embora não seja de fato um templo, é atingido pela decisão do imperador e acaba sendo fechado.

Nessa época, uma das figuras do meio intelectual de Alexandria chama-se Hipátia. Seu pai, Téon, é o diretor do Mouseion no momento do seu fechamento. O episódio não impede os cientistas da cidade de continuarem se dedicando a seus trabalhos por algum tempo ainda. Sócrates, o Escolástico escreveria mais tarde que multidões acorriam para ouvir as falas de Hipátia, que superava todos os homens da época com seus conhecimentos científicos. Hipátia é ao mesmo tempo matemática e filósofa. É também a primeira mulher da nossa história.

Primeira? Não exatamente. Outras mulheres se dedicaram à matemática antes de Hipátia, sem que suas obras ou sua biografia chegassem até nós. As mulheres frequentavam sobretudo a escola de Pitágoras. Conhecemos os nomes de várias delas, como Teano, Autocaridas e Habroteleia, mas não há como deixar de reconhecer: não sabemos quase nada a seu respeito.

Nenhum texto escrito por Hipátia chegou até nós, mas várias fontes mencionam seus trabalhos. Ela se interessou principalmente pela aritmética, a geometria e a astronomia. Deu prosseguimento em particular aos trabalhos realizados alguns séculos antes por Diofanto e Ptolomeu. Hipátia também foi uma inventora prolífica. A ela devemos a invenção do hidrômetro, que permite medir habilmente a densidade de um fluido valendo-se do princípio de Arquimedes, assim como de um novo modelo de astrolábio que facilita as medidas astronômicas.

Infelizmente, sua história acabaria mal. Em 415, ela provocou a ira dos cristãos da cidade, que a perseguiram, acabando por assassiná-la. Seu corpo foi cortado em pedaços e queimado.

Após o fechamento do Mouseion e a morte de Hipátia, a chama científica de Alexandria rapidamente se apagaria. As coleções da biblioteca não foram poupadas. Incêndios, saques, maremoto e terremotos viriam a sacudir a cidade, e embora não saibamos com precisão quando e como desapareceu a Biblioteca de Alexandria, o fato é que, no século VII, nada mais restava dela.

Uma época chega ao fim. Mas a História tem muitos desvios, e a matemática grega logo encontraria outros caminhos para chegar a nós.

7

Nada e menos que nada

Do alto de seus 6.714 metros de altitude, o monte Kailash, no Tibete, está entre os poucos pontos culminantes nunca escalados pelo *Homo sapiens* até hoje. Sua silhueta arredondada, marcada pela neve sobre o cinza do granito, destaca-se de forma maciça sobre a paisagem do oeste do Himalaia. Para os habitantes da região, sejam hindus ou budistas, a montanha é sagrada, sendo objeto de mitos ancestrais e histórias maravilhosas. Conta-se inclusive que se trata do lendário monte Meru, que, segundo as mitologias locais, seria o centro do Universo.

Aqui se encontra a fonte de um dos sete rios sagrados da região: o Indo.

Ao deixar as encostas do monte Kailash, o Indo toma a direção leste, ziguezagueia rapidamente através das montanhas brancas da Caxemira e outra vez começa a descer devagar na direção sul. Atravessa então as planícies do Punjab e do Sind, no atual Paquistão, para em seguida lançar-se em delta no mar da Arábia. O vale do Indo é fértil. Na Antiguidade, a região era coberta de florestas frondosas. Nela, elefantes da Ásia conviviam com rinocerontes, tigres-de-bengala, macacos em sua habitual agitação e serpentes que os magos rapidamente tentavam enfeitiçar com suas flautas. Na curva de um caminho, quase poderíamos encontrar Mogli, o personagem de *O livro da selva*, cujas aventuras se passam nesse cenário. Aqui é que nasceria uma civilização original e discreta cuja produção matemática desempenharia um papel determinante no início da Idade Média.

Em 3.000 a.C., algumas cidades importantes, como Mohenjo-Daro e Harapa, surgem ao redor do rio. De longe, essas cidades de tijolos de argila se assemelham um pouco a suas contemporâneas da Mesopotâmia. Em 2.000 a.C. tem início a época védica. A região é dividida numa infinidade de pequenos reinos que se multiplicam na direção leste, até as margens do Ganges. O hinduísmo nasce, desenvolve-se, e são escritos os primeiros grandes textos em sânscrito. No século IV antes da nossa era, Alexandre, o Grande chega às margens do Indo e funda duas cidades que receberão o nome de Alexandria, sem por isso alcançarem o prestígio da sua irmã egípcia. Uma parte da cultura grega se integra à Índia. Vem em seguida a época dos grandes impérios. A dinastia dos Maurya reina sobre a quase totalidade do subcontinente indiano durante pouco mais de um século. Depois desta, uma infinidade de dinastias se sucederiam, convivendo mais ou menos pacificamente até a conquista muçulmana do século VIII.

Ao longo dos séculos, os indianos praticam uma matemática da qual infelizmente não sabemos grande coisa. O motivo dessa ignorância é simples: desde o início da época védica, seus cientistas desenvolveram um ideal de transmissão oral dos conhecimentos que proíbe por princípio a sua escrita. Os conhecimentos devem ser compartilhados oralmente, de geração em geração, de mestre a aluno. Os textos são aprendidos de cor, em forma de poemas ou acompanhados de astúcias mnemotécnicas, e em seguida recitados e repetidos tantas vezes quantas necessárias para serem dominados à perfeição. De fato são encontradas aqui e ali algumas exceções à regra, fragmentos escritos que chegaram até nós, mas a colheita é bem escassa.

E, no entanto, como eles faziam matemática! Caso contrário, como explicar a riqueza dos conceitos que nos revelariam quando, por volta do século V, enfim decidem lançar por escrito os ensinamentos acumulados oralmente por séculos? A Índia conheceria então uma idade de ouro científica, que logo viria a se difundir pelo mundo inteiro.

Os cientistas indianos começam a escrever longos tratados retomando conhecimentos ancestrais, que são então enriquecidos por suas próprias descobertas. Entre os mais famosos temos Aryabhata, que se interessou pela astronomia e calculou excelentes aproximações do número π, Varahamihira, responsável por novos avanços em trigonometria, e Bhaskara, o primeiro a escrever o zero em forma de círculo e a utilizar cientificamente o sistema decimal que usamos ainda hoje. Isso mesmo: nossos dez algarismos, 0, 1, 2, 3, 4, 5, 6, 7, 8 e 9, que costumamos chamar de algarismos árabes, são na verdade indianos!

Apesar disso, se tivéssemos de guardar o nome de apenas um dentre todos os cientistas indianos dessa época, sem dúvida alguma a história escolheria Brahmagupta. Brahmagupta viveu no século VII e foi diretor do Observatório de Ujjain. Nessa época, a cidade de Ujjain, na margem direita do Shipra, no centro da atual Índia, é um dos maiores centros científicos do país. Seu observatório astronômico deu fama à cidade, que já era conhecida de Cláudio Ptolomeu na grande época de Alexandria.

Em 628, Brahmagupta publica sua grande obra: o *Brāhmasphuṭasiddhānta*. Nesse texto se encontra a primeira descrição completa do zero e dos números negativos acompanhada de suas propriedades aritméticas.

Hoje em dia, o zero e os números negativos tornaram-se tão onipresentes em nossa vida cotidiana — para medir a temperatura, a altitude em relação ao nível do mar ou o saldo da nossa conta bancária — que quase acabamos esquecendo como são ideias geniais! Sua invenção foi um exercício de acrobacia cerebral incomum, pela primeira vez executado à perfeição por cientistas indianos. Entender esse processo, e tudo que ele tem de sutil e poderoso ao mesmo tempo, é uma delícia intelectual em que teremos de nos deter um pouco se quisermos penetrar mais a fundo nas reviravoltas pelas quais vai passar a matemática nos séculos seguintes.

A FASCINANTE HISTÓRIA DA MATEMÁTICA

Uma das perguntas que me fazem com mais frequência quando falo em público do meu fraco pela matemática é sobre os motivos e origens. Como é que lhe veio esse gosto no mínimo estranho?, perguntam-me às vezes. Foi algum professor que lhe transmitiu essa paixão? Já gostava de matemática quando era criança? A manifestação de uma vocação como essa sempre desperta curiosidade nas pessoas que até então são indiferentes a essa disciplina.

Para ser honesto, devo confessar que não faço ideia. Até onde me lembro, sempre gostei de matemática, sem poder identificar um acontecimento específico da minha vida que me tivesse levado por esse caminho. Entretanto, vasculhando mais atentamente na memória, tenho certas lembranças da alegria intelectual em que eu podia mergulhar com o súbito aparecimento de ideias novas em minha mente. Foi o caso em particular da descoberta de uma propriedade espantosa da multiplicação.

Eu devia ter 9 ou 10 anos quando, digitando meio ao acaso na minha calculadora escolar, deparei com um estranho resultado: 10 × 0,5 = 5. Multiplique o número 10 por 0,5, e chegará a 5: eis o que ousava afirmar minha calculadora, na qual eu tinha até então uma confiança tão cega quanto absurda. Como é possível, multiplicando um número, chegar a outro menor que ele? Uma multiplicação não deve aumentar a quantidade à qual se aplica? O resultado não ia de encontro ao próprio sentido da palavra "multiplicar"? Minha querida calculadora não deveria, na verdade, me mostrar um número superior a 10?

Precisei de algum tempo, várias semanas pensando regularmente no caso, até conseguir botar as ideias em ordem. O estalo final só veio quando tive a ideia de representar a multiplicação de forma geométrica, seguindo sem saber os passos dos pensadores antigos. Tomemos um retângulo de comprimento 10 e de largura 0,5. Sua área é igual à de 5 quadradinhos de lado 1.

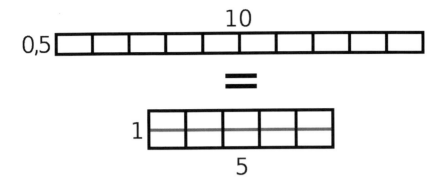

Em outras palavras, multiplicar por 0,5 é o mesmo que dividir por dois. E o mesmo princípio se aplica a muitos outros números. Multiplicar por 0,25 é dividir por 4; multiplicar por 0,1 é dividir por 10, e assim por diante.

A explicação é convincente, mas sua conclusão nem por isso deixa de ter um lado desconcertante: a palavra "multiplicação" não significa exatamente a mesma coisa quando é aplicada em matemática ou na linguagem corrente. Na vida cotidiana, quem haveria de dizer que multiplicou a área de seu próprio jardim depois de vender a metade dele? Quem afirmaria que sua fortuna se multiplicou depois de perder 50% dela? Desse ponto de vista, a multiplicação dos pães vem a ser um milagre ao alcance de qualquer um: basta comer a metade, e pronto.

Ao serem feitas pela primeira vez, essas reflexões fazem cócegas no cérebro. Têm um teor deliciosamente incômodo, e para nossa mente soam como um jogo de palavras particularmente bem-sucedido. Pelo menos foi esse o efeito causado na minha infância por essas curiosas descobertas. E tal estranheza me pareceu um tanto mais clara quando, muitos anos depois, lendo um texto do matemático Henri Poincaré, "Ciência e método", publicado em 1908, deparei com a seguinte frase: "A matemática é a arte de dar o mesmo nome a coisas diferentes."

Para ser honesto, devo reconhecer que a frase certamente pode ser aplicada a qualquer linguagem. A palavra "fruto" designa coisas tão diferentes quanto maçãs, cerejas e tomates. Cada uma dessas palavras, por sua vez, reúne uma infinidade de variedades diferentes, que também darão surgimento a categorias mais sutis, caso se proceda a uma análise botânica suficientemente refinada. Mas Poincaré tem razão ao frisar que nenhuma outra linguagem, senão a matemática, vai tão longe nesse processo de agrupamento. A matemática permite aproximações que não têm cabimento em nenhuma outra língua. Para os matemáticos, a multiplicação e a divisão não passam da mesma operação. Multiplicar por um número é o mesmo que dividir por outro. Tudo depende do ponto de vista.

A invenção do zero e dos números negativos tem a ver com o mesmo estado de espírito. Para criá-los, é preciso ousar pensar contra a própria língua. Reunir numa mesma ideia conceitos que a linguagem trata de maneiras radicalmente diferentes. Os cientistas indianos foram os primeiros a tomar claramente esse caminho.

Se eu dissesse que já caminhei algumas vezes no planeta Marte ou que me encontrei pessoalmente várias vezes com Brahmagupta, você acreditaria? Provavelmente não. E estaria certo, pois na nossa língua essas frases significam que eu de fato já caminhei em Marte e encontrei Brahmagupta. Em matemática, contudo, basta imaginar que esses números de vezes valem zero para entender que eu não menti. A língua utiliza estruturas diferentes para o caso de uma coisa ser ou não ser. Afirmação: "Eu caminhei em Marte." Negação: "Eu não caminhei em Marte." Já a matemática apaga essas diferenças para juntá-las numa única fórmula. "Eu caminhei certo número de vezes em Marte." Esse número pode ser zero.

Se alguns séculos antes os gregos já tinham encontrado dificuldade para aceitar o 1 como número, imagine a revolução representada pela atribuição da categoria "número" a uma ausência. Antes dos indianos, alguns povos de fato já haviam esboçado essa ideia, mas nenhum fora capaz de executá-la. A partir do século III antes da nossa era, os mesopotâmicos foram os primeiros a inventar um algarismo 0. Antes, seu sistema de numeração escrevia da mesma maneira números como 25 e 250. Graças ao algarismo 0, designando um lugar vazio, não haveria mais confusão. Mas os babilônicos nunca atribuíram a esse 0 a condição de número; ele podia ser escrito apenas para designar uma total ausência de objetos.

Do outro lado do mundo, os maias também tinham inventado um zero. Chegaram até a inventar dois! O primeiro, como o dos babilônicos, servia apenas como algarismo para assinalar um lugar vazio em seu sistema posicional de base vinte. O segundo, em compensação, de fato pode ser considerado um número, mas só era usado no contexto do calendário maia. Cada mês do calendário maia tinha vinte dias, numerados de 0 a 19. Mas esse zero só é utilizado sozinho, seu emprego não é matemático. Os maias nunca o usaram para efetuar operações aritméticas.

Em suma, Brahmagupta de fato é o primeiro a ter descrito completamente zero com um número acompanhado de uma descrição de suas propriedades: subtraindo qualquer número de si mesmo, obtemos zero; adicionando ou subtraindo zero a um número, ele fica inalterado. Essas propriedades aritméticas nos parecem evidentes, mas o fato de serem enunciadas com tanta clareza por Brahmagupta mostra que o zero definitivamente se integrou como número à condição semelhante aos outros.

O zero abre a porta para os números negativos. Mas os matemáticos ainda precisariam de mais tempo para adotá-los em definitivo.

Os cientistas chineses foram os primeiros a descrever quantidades suscetíveis de se aparentarem a números negativos. Em seus comentários sobre *Os nove capítulos*, Liu Hui descreve um sistema de varetas coloridas que permitem representar quantidades positivas ou negativas. Uma vareta vermelha representa um número positivo, uma vareta negra, um negativo. Liu Hui explica detalhadamente de que maneira essas duas espécies de números interagem entre elas e, sobretudo, como são adicionadas ou subtraídas.

Essa descrição já é bem completa, mas ainda falta dar um passo: levar em conta os positivos e negativos, não como dois grupos distintos capazes de interagir, mas efetivamente como um único e mesmo conjunto. Sabemos, claro, que os números positivos e negativos nem sempre têm as mesmas propriedades na hora de fazer cálculos, mas antes de mais nada eles apresentam muitos pontos em comum que permitem aproximá-los. A situação pode ser comparada à dos números pares e ímpares, que formam dois clãs distintos, com propriedades aritméticas diferentes, mas, apesar disso, pertencem à mesma grande família dos números.

Essa reunificação seria efetuada pela primeira vez, como no caso do zero, pelos cientistas indianos. E novamente caberia a Brahmagupta proceder a seu estudo completo, no *Brāhmasphuṭasiddhānta*. Seguindo os passos de Liu Hui, ele estabelece uma lista completa das regras às quais se submetem as operações com esses novos números. Mostra-nos, entre outras coisas, que a soma de dois números negativos é negativa, por exemplo: (-3) + (-5) = -8. Que o produto de um número negativo por um número positivo é negativo: (-3) × 8 = -24. Ou ainda que o produto de dois números negativos é positivo: (-3) × (-8) = 24. Este último ponto pode parecer contraintuitivo, e seria um dos mais difíceis de aceitar. Ainda hoje, é uma cilada bem conhecida por crianças nas escolas do mundo inteiro.

Por que menos por menos é igual a mais?

Nos séculos subsequentes ao enunciado por Brahmagupta, as regras de multiplicação dos sinais, em especial o "menos × menos = mais", constantemente provocariam desconfiança e questionamentos.

Esses questionamentos transcenderam amplamente o mundo da matemática, causando muita incompreensão a partir do momento em que passaram a ser ensinados nas escolas. No século XIX, até o escritor francês Stendhal manifestou sua incompreensão no romance autobiográfico *Vida de Henry Brulard*. Nessa obra, o autor de *O vermelho e o negro* e *A cartuxa de Parma* escreveu o seguinte:

> *"Na minha opinião, a hipocrisia era impossível na matemática, e, na minha simplicidade juvenil, eu achava que assim seria em todas as ciências nas quais ouvira dizer que ela se aplicava. Qual não foi minha surpresa ao me dar conta de que ninguém era capaz de me explicar como menos multiplicado por menos resulta em mais (- × - = +)! (Trata-se de um dos fundamentos da ciência chamada álgebra.)*
> *Pior ainda do que não explicarem essa dificuldade (que certamente pode ser explicada, pois leva à verdade) era o fato de a explicarem com razões evidentemente pouco claras para aqueles que as apresentavam. [...] Tive de me contentar com o que até hoje digo a mim mesmo: - vezes - dá + só pode ser verdadeiro, pois é evidente que, a todo momento empregando essa regra no cálculo, chegamos a resultados verdadeiros e indubitáveis."*

A regra de sinais na multiplicação, que de fato parece estranha à primeira vista, adquire sentido quando pensamos de novo no sistema de pauzinhos imaginado pelos cientistas chineses. Usemos esse sistema, por exemplo, para representar ganhos e perdas monetários. Suponhamos que uma vareta preta representa 5€, ao passo que uma vareta cinzenta representa uma dívida de 5€, ou seja, -5€. Desse modo, se temos dez varetas pretas e cinco cinzentas, o saldo é de 25€.

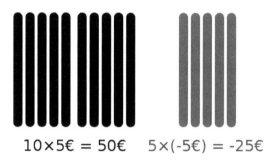

10×5€ = 50€   5×(-5€) = -25€

Vejamos agora os diferentes casos que podem se apresentar quando a contagem varia. Suponhamos o recebimento de quatro varetas pretas adicionais: o saldo aumenta em 20€. Em outras palavras: 4 × 5 = 20. O produto de dois números positivos é de fato positivo: até agora, tudo certo.

Se agora recebermos quatro pauzinhos cinzentos, vale dizer, quatro dívidas, o saldo diminui em 20€. Dito de outra forma: 4 × (-5) = -20. Um positivo multiplicado por um negativo dá um negativo. Da mesma forma, se nos forem tomados quatro pauzinhos pretos, também perdemos 20€. O que significa que (-4) × 5 = -20. As duas últimas situações mostram perfeitamente que dar dívidas a alguém tem o mesmo efeito que lhe tomar dinheiro. Adicionar negativo é o mesmo que subtrair positivo.

> Chegamos então ao ponto crucial: o que aconteceria com nosso saldo se nos tomassem quatro varetas cinzentas? Em outras palavras, o que ocorre quando nos tiram dívidas? A resposta é clara: o saldo aumenta, ganhamos dinheiro. O que de fato significa que (-4) × (-5) = 20. Tirar negativo é o mesmo que acrescentar positivo! Menos vezes menos dá mais.

O advento dos números negativos também alteraria radicalmente o sentido da soma e da subtração. O problema é perfeitamente semelhante ao da multiplicação por 0,5, que vem a ser uma divisão por 2. Como adicionar um número negativo é o mesmo que subtrair um número positivo, as duas operações perdem o sentido que têm na linguagem corrente. Adicionar geralmente é sinônimo de aumentar. Mas se eu adicionar o número -3, é o mesmo que subtrair 3: por exemplo, 20 + (-3) = 17. Da mesma forma, se subtrair (-3), estarei adicionando 3: 20 − (-3) = 23. Mais uma vez, estamos dando o mesmo nome a coisas diferentes. Graças aos números negativos, a soma e a subtração se transformam nas duas faces da mesma operação.

Essa confusão de palavras e os aparentes paradoxos, como "menos × menos = mais", contribuiriam para frear consideravelmente a adoção dos números negativos. Muito tempo depois de Brahmagupta, diversos cientistas continuariam resistindo a esses números terrivelmente práticos, mas de tão difícil compreensão. Alguns passariam a chamá-los de "números absurdos", conformando-se em usá-los em seus cálculos intermediários apenas se não aparecessem mais no resultado final. Só no século XIX, ou mesmo no XX, é que sua legitimidade seria plenamente aceita, sendo o seu uso adotado em caráter definitivo.

Em 711, 2 mil cavaleiros e cameleiros provenientes do oeste chegam ao vale do Indo. Eram as tropas de Muhammad Bin Qasim, jovem comandante árabe de apenas 20 anos. Mais bem equipados e preparados, seus soldados acabam com o exército de 50 mil homens do rajá Dahir e se apropriam da região do Sind e do delta do rio. Para as populações locais, é um acontecimento trágico, pois milhares de soldados são decapitados e a região é violentamente saqueada.

Porém, a chegada do jovem Império Árabe-Muçulmano às portas do Indo seria uma oportunidade para a difusão da matemática indiana. Os cientistas árabes rapidamente integrariam suas descobertas a seus trabalhos, conferindo-lhes uma repercussão mundial cujo eco ainda hoje pode ser percebido na matemática do século XXI.

8
A força dos triângulos

Em 762, estamos de volta à Mesopotâmia, onde tudo começou. Enquanto a Babilônia já não passa de um campo de ruínas, obras verdadeiramente monumentais são empreendidas uma centena de quilômetros ao norte. É aqui, na margem direita do Tigre, que o califa abássida Al-Mansur decidiu construir sua nova capital.

O Império Árabe-Muçulmano acaba de passar por um século de fulgurante expansão. Em 632, 130 anos antes, quando Brahmagupta acabava de concluir, aos 34 anos, a redação do *Brāhmasphuṭasiddhānta*, Maomé morria em Medina. Depois dele, os sucessivos califas multiplicaram as conquistas territoriais, propagando o islã do sul da Espanha às margens do Indo, passando pelo norte da África, pela Pérsia e a Mesopotâmia.

Al-Mansur reina sobre um califado de mais de 10 milhões de quilômetros quadrados. Hoje em dia, esse território seria o segundo maior país do planeta, depois da Rússia, mas antes do Canadá, dos Estados Unidos e da China. Al-Mansur é um califa esclarecido. Para construir sua capital, convoca os melhores arquitetos, artesãos e artistas do mundo árabe. E incumbe seus geógrafos e astrólogos da escolha do local e da data do início das obras.

Seriam necessários quatro anos e mais de 100 mil operários para erguer a cidade com que ele sonhou. O local tem a particularidade de ser perfeitamente redondo. Sua dupla muralha circular, com 8 quilômetros de circunferência, é fortificada com doze torres e se abre em quatro portas voltadas para os quatro pontos cardeais. No centro da cidade ficam o quartel, a mesquita e o palácio do califa, cuja cúpula verde, culminando a cerca de 50 metros de altura, é visível num raio de quase 20 quilômetros.

Ao ser fundada, a cidade é chamada de Madīnat as-Salām, Cidade da Paz. Também seria conhecida como Madīnat al-Anwār, Cidade das Luzes, ou ainda Āsimat ad-Dunyā, Capital do Mundo. Mas outro nome entraria para a história como o da cidade de Al-Mansur: Bagdá.

Rapidamente a população de Bagdá chega a centenas de milhares de habitantes. Na cidade cruzam-se grandes rotas comerciais, e suas ruas estão sempre cheias de comerciantes vindos dos quatro cantos do mundo. Nas bancas se acumulam sedas, ouro e marfim. Perfumes e o aroma de especiarias tomam conta do ar. A cidade vibra com histórias de paragens distantes. É a época das *Mil e uma noites* e das lendas; dos sultões, vizires e princesas; e também dos tapetes voadores, gênios e lâmpadas mágicas.

Al-Mansur e os califas que o sucedem pretendem transformar Bagdá em uma cidade de primeira linha no plano cultural e científico. Assim, para atrair os maiores cientistas, eles recorrerão a uma isca que já se provou eficaz mil anos antes, em Alexandria: uma biblioteca. No fim do século VIII, o califa Harun al-Rachid começa a formar uma coleção de livros, com o objetivo de preservar e vivificar os conhecimentos acumulados pelos gregos, mesopotâmicos, egípcios e indianos.

Muitas obras são copiadas e traduzidas para o árabe. As obras gregas que ainda circulam em grande número nos meios intelectuais são as primeiras a serem integradas pelos cientistas de Bagdá. Em poucos anos, são publicadas muitas edições árabes de *Os elementos* de Euclides. Também são traduzidos vários tratados de Arquimedes, entre eles o que aborda o perímetro do círculo, o *Almagesto* de Ptolomeu e a *Aritmética* de Diofanto.

No início do século IX, o matemático Muhammad al-Khwarizmi publica uma obra importante, o *Livro sobre o cálculo indiano*, na qual expõe o sistema de numeração decimal proveniente da Índia. Graças a ele, os dez algarismos, inclusive o zero, seriam disseminados em todo o mundo árabe, impondo-se, então, definitivamente no mundo inteiro. Em árabe, o zero chama-se *zifr*, que significa "vazio". Na chegada à Europa, a palavra se desdobraria em duas. Por um lado, chegaria ao italiano sob a forma "zefiro", que resultaria no nosso "zero"; por outro, seria transformada em "cifra" em latim, que originou a palavra "cifra". Esquecendo as raízes indianas desses dez símbolos, os europeus passariam a designá-los como algarismos árabes.

Em 809, Harun al-Rachid morre e seu filho al-Amin toma seu lugar. Mas não reinaria por muito tempo, sendo destronado em 813 pelo próprio irmão, al-Mamun.

Diz a lenda que certa noite al-Mamun recebeu em sonho a visita de Aristóteles. O encontro marcou profundamente o jovem califa, que decidiu dar novo impulso às pesquisas científicas e receber um número cada vez maior de cientistas em sua cidade. Foi assim que, em 832, a Biblioteca de Bagdá deu origem a uma instituição destinada a favorecer a conservação e o desenvolvimento dos conhecimentos científicos. O lugar recebe o nome de Bayt al-Hikma, Casa da Sabedoria, com um funcionamento que lembra estranhamente o do Mouseion de Alexandria.

O califa se envolve de verdade no seu desenvolvimento. Interfere de forma direta junto às potências estrangeiras, como o Império Bizantino, para que cheguem a Bagdá obras raras a serem copiadas e traduzidas. Encomenda aos cientistas obras destinadas a serem difundidas em todo o califado. Chega inclusive a assistir pessoalmente aos debates científicos e filosóficos promovidos pelo menos uma vez por semana na Bayt al-Hikma.

Ao longo dos séculos, a Casa da Sabedoria de Bagdá torna-se um exemplo imitado em todo o mundo árabe. Muitas outras cidades também se dotam de bibliotecas e instituições para o trabalho dos cientistas. Entre as mais influentes e ativas, temos a de Córdoba, na Andaluzia, fundada no século X, a do Cairo, no Egito, datada do século XI, e a de Fez, no atual Marrocos, do século XIV.

Cabe lembrar que essa descentralização científica seria amplamente facilitada pela chegada de uma invenção proveniente da China e recuperada quase por acaso, em 751, durante a batalha de Talas, no atual Cazaquistão: o papel. O papel facilita a cópia e o transporte dos livros. Com isso, não é mais necessário ir a Bagdá para se informar das últimas descobertas em matéria de matemática, astronomia ou geografia. Grandes cientistas podem assim trabalhar e produzir obras inovadoras nos quatro cantos do Império Árabe-Muçulmano.

O calcetamento do Alhambra

Enquanto na Bayt al-Hikma as grandes mentes escrevem a história da matemática, nas ruas de Bagdá e das cidades árabes é uma outra história que tem prosseguimento. O islã proíbe em princípio a representação de seres humanos ou animais nas mesquitas e demais lugares religiosos. Para contornar a proibição, os artistas muçulmanos dariam mostra de incrível criatividade na elaboração de motivos geométricos decorativos.

Vale lembrar aqui dos artesãos sedentários da Mesopotâmia, que imaginavam motivos para decorar suas cerâmicas. Sem sabê-lo, eles tinham encontrado as sete categorias possíveis de frisos. Ora, se um friso é uma figura que se repete em determinada direção, também podemos imaginá-lo se repetindo em duas direções, para cobrir superfícies inteiras. É o que costuma ser chamado de calcetamento. As ruas de Bagdá e das cidades muçulmanas aos poucos vão se revestir de uma geometria espetacular que se tornaria uma das marcas inconfundíveis da arte islâmica.

Certos calcetamentos são bem simples.

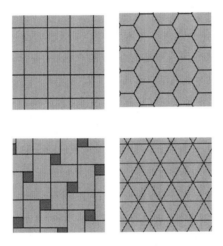

Outros são mais complexos.

> Mais tarde, os matemáticos demonstrariam que há apenas dezessete categorias geométricas de calcetamento, classificadas em função das transformações geométricas que as tornam constantes. Cada uma dessas categorias pode então originar uma infinidade de variantes. Sem conhecer o teorema, os artistas árabes descobriram as dezessete categorias e passaram a empregá-las magistralmente na arquitetura e na ornamentação de objetos de arte ou da vida cotidiana.
>
> Em Granada, na Andaluzia, o Palácio da Alhambra é um dos monumentos mais marcantes da presença islâmica na Espanha na Idade Média. Mais de 2 milhões de turistas vão visitá-lo todos os anos. O que poucos deles sabem é que o palácio é objeto de particular admiração por parte dos matemáticos. A Alhambra, de fato, é conhecida por apresentar no seu interior cada uma das dezessete categorias de frisos, disseminadas (e por vezes bem escondidas) nas suas salas e jardins.
>
> De modo que, se um dia você passar por Granada, já sabe o que deve fazer.

Fiquemos por mais algum tempo em Bagdá e tomemos coragem de abrir as portas da Bayt al-Hikma para observar o que se passa por lá. Que novos territórios da matemática esses estudiosos árabes andam explorando? De que tratam esses livros recém-escritos que se empilham nas prateleiras da biblioteca?

Uma das disciplinas que mais se desenvolvem nesse período é a trigonometria, ou seja, o estudo das medidas dos trígonos, também conhecidos como triângulos. À primeira vista, parece meio decepcionante: os povos antigos já estudavam os triângulos, e o Teorema de Pitágoras é prova disso. Mas os árabes levariam adiante suas pesquisas, de tal maneira que a transformaram numa disciplina de notável precisão, com resultados que ainda hoje têm múltiplas aplicações.

A FORÇA DOS TRIÂNGULOS

Ao contrário do que se poderia imaginar, nem sempre é tão fácil assim entender os triângulos, e no fim da Antiguidade ainda restava esclarecer muitos pontos. Para conhecer bem um triângulo, precisamos basicamente de seis informações: o comprimento dos três lados e as medidas dos três ângulos.

Mas há um detalhe: para fazer uso da trigonometria em campo, muitas vezes é bem mais fácil medir o ângulo entre duas direções do que a distância entre dois pontos. E o exemplo mais claro disso é a astronomia. Medir a distância entre as estrelas observadas no céu noturno é uma questão muito difícil, e vários séculos ainda serão necessários para encontrar uma resposta. Em compensação, medir o ângulo formado por essas estrelas umas com as outras ou acima do horizonte é bem mais fácil. Basta um simples oitante, antepassado do sextante. Da mesma forma, um geógrafo que precise traçar o mapa de um território poderá facilmente medir os ângulos de um triângulo formado por três montanhas. Para tanto, precisa apenas de uma alidade, que nada mais é que um transferidor dotado de um sistema de mira. E para orientar o mapa no espaço, uma simples bússola permite-lhe medir o ângulo entre o norte e determinada direção. Medir a distância entre as três montanhas, em compensação, exige a organização de uma expedição bem mais pesada e cálculos nitidamente mais complexos. Alexandre e seus bematistas não nos deixam mentir!

O objetivo então é o seguinte: como ter acesso a todas as informações de um triângulo medindo a menor quantidade possível de distâncias? Ao fazer essa pergunta, os trigonômetras enfrentam um problema semelhante ao apresentado pelo círculo a Arquimedes, um milênio antes. Para começar, conhecendo todos os ângulos de um triângulo, porém nenhum de seus lados, é possível deduzir sua forma, mas não seu tamanho. A prova disso é que os triângulos abaixo têm todos os mesmos ângulos, mas as medidas de seus lados são diferentes.

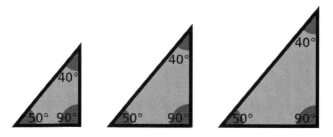

Todos eles, no entanto, têm as mesmas proporções. Se nos perguntarmos, por exemplo, por qual número será necessário multiplicar o comprimento do lado maior para obter o menor, encontraremos o mesmo resultado nos três triângulos: 0,64! Mais ou menos da mesma forma como o perímetro de um círculo sempre é obtido multiplicando-se seu diâmetro por π, qualquer que seja o tamanho.

Enfim... quase 0,64. Esse número é apenas aproximado. Como no caso do π, essa proporção não pode ser calculada com precisão, e teremos que nos contentar com valores aproximados. Um pouco mais de precisão nos daria 0,642 ou mesmo 0,64278, mas ainda não é perfeito. A escrita decimal desse número tem uma infinidade de algarismos depois da vírgula. O mesmo ocorre nas outras razões que podem ser calculadas nesses triângulos. Assim, passamos do lado maior ao médio multiplicando por cerca de 0,766, e do menor ao médio multiplicando por cerca de 1,192.

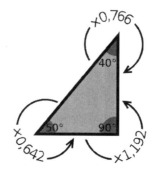

Como é impossível atribuir valores exatos a essas três razões, os matemáticos lhes deram nomes, para melhor estudá-las. Diferentes palavras foram usadas em diferentes lugares e épocas, mas hoje empregamos respectivamente os nomes de "cosseno", "seno" e "tangente". Numerosas variantes também foram inventadas e exploradas, para em seguida cair no esquecimento. Um exemplo é o "seked", usado pelos egípcios para avaliar a inclinação de suas pirâmides. Outro é a corda introduzida pelos gregos, e que corresponde a uma razão num triângulo isósceles.

Mas as razões trigonométricas apresentariam um novo problema. Seus valores variam de um triângulo a outro. Assim, as razões 0,642, 0,766 e 1,192 só são válidas nos triângulos com ângulos de 40°, 50° e 90°. Em compensação, se tivermos um triângulo retângulo com ângulos de 20°, 70° e 90°, o cosseno, o seno e a tangente serão de aproximadamente 0,342, 0,940 e 2,747! Em suma, a missão dos matemáticos em trigonometria é muito mais ampla do que se supunha. Não se trata apenas de encontrar um número, nem mesmo três, mas de tabelas inteiras de números que variam em função de todos os ângulos possíveis que terão de ser calculados!

Reproduzimos a seguir uma tabela trigonométrica para triângulos retângulos nos quais um dos ângulos varia de 10° a 80°. Você vai notar que, para cada triângulo, é fornecido apenas um ângulo. Com efeito, não é necessário indicar os dois outros, que podem ser identificados sem dificuldade: por um lado, o ângulo reto sempre mede 90°, e, por outro, um teorema afirma que a soma dos três ângulos de um triângulo é sempre igual a 180°, o que permite deduzir o terceiro. Na verdade, nem mesmo é necessário traçar os triângulos: basta o ângulo para reconstituí-los. Por isso a primeira coluna das tabelas trigonométricas em geral indica apenas o ângulo. Dizemos, assim, que o cosseno de 10° é igual a 0,9848, ou que a tangente de 50° equivale a 1,1918.

Triângulo	Cosseno	Seno	Tangente
10°	0,9848	0,1736	0,1763
20°	0,9397	0,3420	0,3640
30°	0,8660	0,5	0,5774
40°	0,7660	0,6428	0,8391
50°	0,6428	0,7660	1,1918
60°	0,5	0,8660	1,7321
70°	0,3420	0,9397	2,7475
80°	0,1736	0,9848	5,6713

Naturalmente, uma tabela trigonométrica nunca é completa. Sempre será possível aperfeiçoá-la, seja definindo as melhores aproximações das razões que nela se encontram, seja clarificando o leque de triângulos representados. Na tabela, os triângulos têm ângulos variando de 10° em 10°, mas seria preferível ter uma precisão de um grau, ou mesmo de um décimo de grau. Em suma, calcular tabelas trigonométricas cada vez mais precisas é uma tarefa sem fim, à qual se dedicaram gerações seguidas de matemáticos. Só com o advento das calculadoras eletrônicas no século XX eles se livraram desse fardo.

Os gregos certamente foram os primeiros a estabelecer tabelas trigonométricas. As mais antigas que chegaram até nós se encontram no *Almagesto* de Ptolomeu, e teriam sido tomadas de empréstimo a Hiparco de Niceia, matemático do século II antes da nossa era. No fim do século V, o cientista indiano Aryabhata também publicou suas tabelas de trigonometria. Na Idade Média, os persas Omar Khayyam, no século XI, e al-Kashi, no século XIV, é que estabeleceriam as tabelas mais conhecidas.

Os cientistas do mundo árabe desempenhariam um papel primordial, não só por sua contribuição à escrita de tabelas mais precisas, mas também e sobretudo pelo uso que delas fariam. Eles levariam ao auge a arte de jogar com esses dados e utilizá-los da maneira mais eficaz possível.

Assim é que, em 1427, al-Kashi publica um trabalho intitulado *Miftah al-hisab, A chave da aritmética*, no qual enuncia um resultado que generaliza o Teorema de Pitágoras. Por meio de uma hábil utilização dos cossenos, al-Kashi forja um teorema que se aplica a absolutamente todos os triângulos, e não mais apenas aos que são retângulos. O teorema de al-Kashi funciona por correção do Teorema de Pitágoras: quando o triângulo não é retângulo, a soma dos quadrados dos dois primeiros lados não é igual ao quadrado do terceiro. Mas essa igualdade ocorre se for acrescido um termo corretivo calculado diretamente a partir do cosseno do ângulo entre os dois primeiros lados.

Ao publicar esse resultado, al-Kashi já não é um desconhecido no mundo da matemática. Ele se tornara conhecido três anos antes, ao calcular uma aproximação do número π até o décimo sexto decimal. Um recorde na época! Mas se os recordes existem para serem superados,* os teoremas são permanentes. O teorema de al-Kashi ainda hoje é um dos resultados trigonométricos mais usados.

Rive Gauche, Paris. Estamos no mês de junho e estou tentando me sair mais ou menos bem como guia turístico. Nesse dia, estou percorrendo as ruas do Quartier Latin com um grupo de cerca de vinte pessoas, seguindo a trilha dos matemáticos e de sua história. Nossa próxima parada será no jardim dos grandes exploradores. Ao norte, vemos as alamedas simétricas do Jardim de Luxemburgo apontando na direção do palácio do Senado. Ao sul, a cúpula do Observatório de Paris projeta sua silhueta arredondada acima dos tetos da capital.

Seguindo o eixo do jardim, caminhamos como equilibristas pela linha exata do meridiano de Paris. Um passo à esquerda, e estamos no hemisfério oriental do mundo. Dois passos à direita, caímos no hemisfério ocidental. Quinhentos metros adiante, o meridiano atravessa o coração do Observatório, chega ao centro do décimo quarto *arrondissement* e sai de Paris pelo Parque Montsouris. Segue seu rumo pelos campos da França, corta um pedaço da Espanha e se lança pelo continente africano e o oceano Antártico, para concluir seu périplo no polo Sul. Atrás de nós, ele sobe pelas ruas de Montmartre, passa raspando pelas ilhas britânicas e a pela Noruega e chega ao polo Norte.

---

* O matemático holandês Ludolph Van Ceulen calcularia 35 decimais 170 anos depois.

A FORÇA DOS TRIÂNGULOS

Estabelecer o traçado preciso do meridiano não foi nada fácil. Foram necessários levantamentos de precisão em vastas extensões. Como medir, por exemplo, a distância entre dois pontos situados dos dois lados de uma montanha, sem poder atravessá-la? Para responder a essa pergunta, os cientistas do início do século XVIII envolveram o meridiano numa sucessão de triângulos virtuais correndo do norte ao sul da França.

Os pontos de fixação da triangulação foram escolhidos por serem lugares altos, como colinas, montanhas e campanários, de onde é possível visar os outros pontos para medir os ângulos entre eles. Uma vez feitos os levantamentos em campo, restava apenas recorrer livremente aos procedimentos trigonométricos desenvolvidos pelos árabes para determinar a posição exata de cada um dos pontos da triangulação e, através deles, do meridiano.

Os Cassini estariam entre os primeiros a se dedicar a essa tarefa. A família Cassini é uma autêntica dinastia de cientistas, de tal maneira que se costuma numerá-los, como se faz com os reis! Giovanni Domenico, conhecido como Cassini I, recém-emigrado da Itália, foi o primeiro diretor do Observatório de Paris, quando este foi fundado, em 1661. Quando morreu, em 1712, foi sucedido pelo filho Jacques, ou Cassini II. Os dois estabeleceram a primeira triangulação do meridiano, concluída em 1718. Depois deles, Cassini III (por batismo, César-François, filho de Jacques) fez da triangulação do meridiano deixada pelos antepassados a coluna vertebral da primeira triangulação completa do território francês. Daí resultou a publicação, em 1744, do primeiríssimo mapa da França estabelecido por um procedimento científico rigoroso. Seu filho Cassini IV, chamado Jean-Dominique, deu prosseguimento ao trabalho, aperfeiçoando ainda mais a triangulação, região por região.

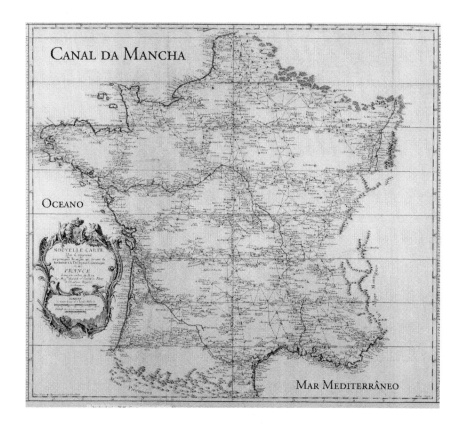

Mapa da França de 1744, no qual é representado o meridiano de Paris, assim como os principais triângulos de Cassini.

Caminhando pelo meridiano, seguimos indiretamente nos passos dos cientistas árabes que estabeleceram as bases teóricas dessas triangulações. Cada triângulo no mapa exigiu o emprego de cossenos, senos e tangentes. Cada um deles traz em sua forma a herança de al-Kashi e dos primeiros trigonômetras de Bagdá. Todos esses cálculos feitos à mão exigiram dos cientistas do observatório inúmeras horas de trabalho, com o uso de suas tabelas trigonométricas.

A FORÇA DOS TRIÂNGULOS

As triangulações continuaram sendo usadas até o fim do século XX e o advento dos satélites. As redes mais precisas contavam então até 80 mil pontos. Os marcos que assinalavam esses pontos ainda são visíveis, disseminados por todo o território francês. Em Paris, ainda se podem ver as duas miras que determinam o eixo do meridiano: uma se encontra ao sul, no Parque Montsouris, e a outra ao norte, em Montmartre. Em 1994, 135 medalhas com o nome do astrônomo François Arago foram dispostas no trajeto do meridiano na capital. Uma delas se encontra no interior do Museu do Louvre. Da próxima vez que passear pelas ruas parisienses, preste atenção, pois você poderá encontrar algumas!

Ao surgir o sistema métrico na Revolução Francesa, o comprimento do metro foi vinculado ao do meridiano, por uma questão de universalidade. Um metro foi definido precisamente como a décima milionésima parte de um quarto do meridiano de Paris. Em 1796, 16 metros-padrão gravados em mármore foram instalados nos quatro cantos da cidade para servir de referência geral. Hoje, dois deles ainda podem ser vistos, um na rua Vaugirard, em frente ao Jardim de Luxemburgo, e o outro na Place Vendôme, na entrada do Ministério da Justiça.

O meridiano de Paris serviu de referência até a Conferência Internacional de Washington, em 1884, quando foi substituído pelo meridiano de Greenwich, passando pelo Observatório Real de Londres. Em troca do meridiano, os britânicos se comprometeram a adotar o sistema métrico. Estamos esperando até hoje.

Com o advento da informática e dos satélites, as tabelas trigonométricas e as triangulações no solo perderam utilidade. Mas nem por isso a trigonometria desapareceu. Ela foi se alojar bem no coração dos processadores. Os triângulos se esconderam, mas continuam por aí.

Vejamos por exemplo os carros que passam pela avenida do Observatório. Muitos estão equipados com o sistema de posicionamento GPS. A cada instante, suas trajetórias são determinadas pelo posicionamento em relação a quatro satélites que os acompanham do espaço. Para a resolução das equações daí resultantes, a trigonometria ainda é necessária. Esses automobilistas por acaso sabem que a voz que lhes ordena tranquilamente virar à esquerda acaba neste exato momento de usar alguns senos e cossenos?

Por outro lado, será que você já não ouviu, assistindo a sua série policial favorita, um dos investigadores anunciar que o telefone do suspeito acaba de ser localizado por triangulação? Esse tipo de posicionamento consiste em determinar a localização de um celular em função de sua distância das três antenas transmissoras mais próximas. Esse problema de geometria é resolvido sem dificuldade graças a algumas fórmulas de trigonometria que hoje em dia nossos computadores efetuam à velocidade de um raio.

Não satisfeita em medir o real, a trigonometria também se intromete na criação dos mundos virtuais. Os filmes de animação em 3D e os jogos de vídeo a utilizam de forma abundante. Por trás das texturas usadas pelos artistas gráficos para recobri-las, as formas em 3D são compostas de malhas geométricas que lembram estranhamente as triangulações dos Cassini. Essas redes é que, ao se deformarem, animam objetos e personagens. O cálculo da menor imagem de síntese, como a da chaleira de Utah, que foi um dos primeiros objetos reproduzidos em computador, em 1975, requer a aplicação de grande número de fórmulas trigonométricas.

9
Rumo ao desconhecido

De volta a Bagdá. Entre os cientistas que frequentam a Bayt al-Hikma, um particularmente marcaria sua época: Muhammad ibn al-Khwarizmi. Al-Khwarizmi é um matemático persa nascido na década de 780. Sua família é originária da região de Khwarezm, que se estende pelos atuais territórios do Irã, do Uzbequistão e do Turcomenistão. Não sabemos ao certo se al-Khwarizmi nasceu em Bagdá ou se seus pais emigraram para lá depois de seu nascimento, mas o fato é que o jovem cientista se encontra na cidade redonda no início do século IX. Ele estaria entre os primeiros cientistas a fazer parte da Bayt al-Hikma, ali conquistando grande reputação.

Nas ruas de Bagdá, al-Khwarizmi é conhecido sobretudo como astrônomo. Ele escreve vários tratados teóricos que retomam os conhecimentos gregos e indianos, além de obras práticas sobre a utilização de um relógio de sol ou a confecção de um astrolábio. Também se vale de seus conhecimentos para estabelecer tabelas geográficas reunindo as latitudes e longitudes dos lugares mais notáveis do mundo. Mas seu meridiano de referência, inspirado em Ptolomeu, é aproximativo: é definido como passando pelas ilhas Afortunadas, cuja localização mais ou menos mitológica ficaria na extremidade oeste do mundo, podendo corresponder às atuais ilhas Canárias.

Na matemática, foi al-Khwarizmi quem redigiu o famoso *Livro sobre o cálculo indiano*, que revelou ao mundo o sistema decimal posicional. Essa obra fundamental já bastaria para introduzi-lo no Panteão da matemática; mas seria um outro livro de conteúdo revolucionário que lhe garantiria definitivamente um lugar entre os maiores matemáticos da história, ao lado de Arquimedes ou Brahmagupta.

Esse livro lhe foi encomendado por al-Mamun em pessoa. O califa queria pôr à disposição da população um manual de matemática que ajudasse qualquer um a resolver as questões da vida cotidiana. Al-Khwarizmi começa então a compilar uma lista de problemas clássicos, acompanhados de seus métodos de resolução. Nela vamos encontrar, entre outras, questões de medida de terras, transações comerciais ou repartição de uma herança entre diferentes membros de uma família.

Todos esses problemas, apesar de interessantes, nada têm de inovadores, e se al-Khwarizmi tivesse se limitado à solicitação do califa, seu livro certamente não teria passado à posteridade. Mas o cientista persa não para por aí, decidindo acrescentar como introdução a seu trabalho uma primeira parte puramente teórica. Nela, expõe de maneira estruturada e abstrata os diferentes métodos de resolução postos em prática nos problemas concretos.

Concluída a obra, al-Khwarizmi dá-lhe o título de *Kitāb al-mukhtaṣar fī ḥistāb al-jabr wa-l-muqtābala*, ou *Sumário do cálculo pela restauração e comparação*. Muito mais tarde, ao ser traduzida para o latim, as últimas palavras do título árabe foram reproduzidas foneticamente, e o livro foi designado como *Liber Algebræ e Almucábala*. Aos poucos, o termo Almucábala foi abandonado, dando lugar à única palavra que passaria a designar a disciplina iniciada por al-Khwarizmi: al-jabr, algebræ, álgebra.

Mais que seu conteúdo matemático, é a formulação atribuída por al--Khwarizmi a seus métodos que se qualifica revolucionária. Ele detalha seus procedimentos de resolução de problemas de maneira independente dos problemas propriamente ditos. Para entender sua abordagem, examinemos estas três questões:

1. Um campo retangular tem 5 unidades de largura e área igual a 30. Qual o seu comprimento?

2. Um homem de 30 anos tem 5 vezes a idade do filho. Qual é a idade do filho?

3. Um comerciante comprou 30 quilos de tecido em 5 rolos idênticos. Quanto pesa cada rolo?

Nos três casos, a resposta é 6. E percebemos com clareza, resolvendo esses problemas, que, embora tratem de temas radicalmente diferentes, a matemática que se encontra por trás é a mesma. Nos três casos, o resultado é encontrado por uma divisão: $30 \div 5 = 6$. O primeiro passo de al-Khwarizmi consiste em desvincular as questões do seu contexto para delas extrair um problema puramente matemático:

Buscamos um número que, multiplicado por 5, dê 30.

Nessa formulação, ignoramos o que representam os números 5 e 30. Podem ser dimensões geométricas, idades, rolos de tecido ou que quer que seja, pouco importa! Em nada muda a maneira como buscaremos a resposta. O objetivo da álgebra, portanto, é propor métodos que permitam resolver esse tipo de charada puramente matemática. E alguns séculos depois, essas charadas receberiam na Europa o nome de equação.

Al-Khwarizmi vai ainda mais longe no seu estudo das equações. Ele afirma que o método não depende sequer dos dados do problema. Veja as três seguintes equações:

1. Buscamos um número que, multiplicado por 5, dê 30;

2. Buscamos um número que, multiplicado por 2, dê 16;

3. Buscamos um número que, multiplicado por 3, dê 60.

Cada uma dessas equações já reúne em sua formulação uma infinidade de problemas diferentes. Mais uma vez, contudo, percebemos claramente que sua resolução decorrerá do mesmo método. Nos três casos, encontramos a solução dividindo o segundo número pelo primeiro: no primeiro exemplo, 30 ÷ 5 = 6; no segundo, 16 ÷ 2 = 8; e no terceiro, 60 ÷ 3 = 20. O método de resolução, portanto, é independente não só do problema como também dos números envolvidos nele.

Desse modo, torna-se, portanto, possível formular as equações de maneira ainda mais abstrata:

Buscamos um número que, multiplicado por determinada quantidade 1, dê uma quantidade 2.

Todos os problemas desse tipo poderão ser resolvidos da mesma maneira: basta dividir a quantidade 2 pela quantidade 1.

Naturalmente, trata-se de um exemplo bem simples. Ele recorre apenas a uma multiplicação, e sua resolução utiliza apenas uma divisão. Mas é possível conceber outros tipos de equações nas quais a incógnita sofra várias operações diferentes. Al-Khwarizmi vai se debruçar sobretudo sobre equações em que a incógnita possa sofrer as quatro operações básicas (adição, subtração, multiplicação e divisão), assim como quadrados. Aqui vai um exemplo:

Buscamos um número cujo quadrado seja igual a 3 vezes seu valor aumentado de 10.

Aqui, a solução é 5. O quadrado de 5 é 25, e de fato temos 25 = 3 × 5 + 10. Dessa vez tivemos sorte, pois essa solução é um número inteiro, e teria sido possível adivinhá-lo fazendo várias tentativas. Mas quando as soluções são números muito altos ou com vírgula, torna-se necessário dispor de um método preciso que permita encontrar seus valores de forma sistemática.

RUMO AO DESCONHECIDO

É exatamente o que al-Khwarizmi expõe na introdução do seu livro. Ele descreve, etapa por etapa, os cálculos a serem efetuados a partir dos dados do problema, quaisquer que sejam esses dados. Numa segunda etapa, redige também demonstrações provando que seus métodos funcionam.

A abordagem de al-Khwarizmi se inscreve perfeitamente, portanto, na dinâmica global da matemática, que tende para a abstração e a generalidade. Há muito tempo, os objetos matemáticos já haviam se tornado independentes dos objetos reais que representavam. Com al-Khwarizmi, são os próprios raciocínios sobre esses objetos que se desvinculam dos problemas que devem resolver.

Classificação das equações

Nem todas as equações são de tão fácil resolução. Existem algumas, inclusive, que ainda hoje fazem nossos matemáticos quebrarem a cabeça. A dificuldade de uma equação depende basicamente das operações que a compõem.

Assim, se a incógnita passar apenas por adições, subtrações, multiplicações e divisões, dizemos que são equações de primeiro grau. Aqui vão alguns exemplos:

Que número resultará em 10 se a ele adicionarmos 3?
Que número resultará em 15 se o dividirmos por 2?
Que número resultará em 0 se o multiplicarmos por 2 e depois subtrairmos 10?

As equações de primeiro grau são as mais simples de resolver. Um pouco de reflexão permite encontrar as soluções dessas três: 7, pois 7 + 3 = 10, depois 30, pois 30 ÷ 2 = 15, e por fim 5, pois 5 × 2 - 10 = 0.

Se acrescentarmos a essas quatro operações os quadrados, isto é, a operação que consiste em multiplicar a incógnita por ela mesma, passamos às equações de segundo grau, e a dificuldade se torna bem maior. São precisamente essas equações de grau 2 que al-Khwarizmi resolve no seu trabalho. Aqui vão dois exemplos tratados pelo cientista persa:

> *O quadrado de um número mais 21 é igual a dez vezes esse número.*
> *O quadrado de um número ao qual adicionamos dez vezes esse mesmo número dá 39.*

Uma das particularidades das equações de segundo grau é que podem ter duas soluções. É o caso aqui: os números 3 e 7 respondem à primeira questão, pois $3 \times 3 + 21 = 3 \times 10$ e $7 \times 7 + 21 = 7 \times 10$. A segunda equação também tem duas soluções: 3 e -13.

No século IX, a geometria ainda é a disciplina de referência na matemática, e as demonstrações de al-Khwarizmi são sistematicamente formuladas em termos geométricos. De acordo com a interpretação iniciada pelos cientistas antigos, o quadrado de um número e a multiplicação de dois números podem ser vistos como áreas. Assim, uma equação de segundo grau pode ser tratada como um problema de geometria plana. Aqui vão, por exemplo, as versões geométricas das nossas duas equações anteriores. Os pontos de interrogação são os comprimentos correspondendo ao número desconhecido.

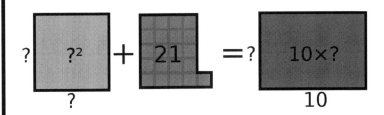

O quadrado de um número mais 21 é igual a dez vezes esse número.

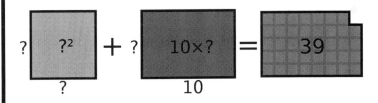

O quadrado de um número ao qual adicionamos dez vezes esse mesmo número dá 39.

Al-Khwarizmi resolve então esses problemas com métodos de quebra-cabeças melhorados. Desmembra peças, acrescenta ou retira pedaços em função das suas necessidades, para obter uma figura na qual apareça a solução.

Vejamos por exemplo a segunda das equações anteriores: seu método começa por dividir o retângulo que vale dez vezes a incógnita em dois retângulos que valem cada um cinco vezes a incógnita.

Em seguida, ele realinha os pedaços da seguinte maneira.

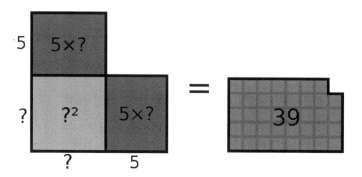

Por fim, acrescenta aos dois lados da igualdade uma figura de área 25, de maneira a formar um quadrado em cada lado.

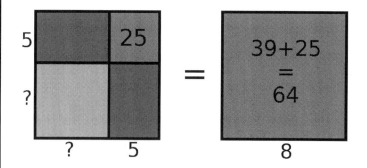

O quadrado da esquerda tem então um lado igual à incógnita aumentado de 5, ao passo que o da direita tem um lado igual a 8. Deduzimos que a incógnita vale 3.

Note que a figura anterior é grosseiramente desproporcional. Não era possível saber o valor da incógnita antes de sua resolução, e os comprimentos representados não estão corretos. O que tem pouca importância, pois aqui não são os valores numéricos que contam, mas o fato de o mesmo recorte funcionar, quaisquer que sejam os números específicos que aparecem nessas equações.

Há um ditado segundo o qual a geometria é a arte de raciocinar certo com figuras falsas. Pois aí está uma perfeita ilustração! Cabe notar, contudo, que, por esse método, a incógnita é um comprimento, ou seja, um número positivo: as soluções negativas desaparecem. Apesar de nossa equação ter uma solução igual a -13, al-Khwarizmi a ignora completamente.

Depois do segundo grau, vem o terceiro. Dessa vez, é possível considerar o cubo da incógnita. Essas equações ainda são complexas demais para al-Khwarizmi, e só seriam resolvidas no Renascimento. Se as interpretarmos em termos geométricos, cairemos num problema de volumes em três dimensões.

Vêm em seguida as equações de quarto grau. Do ponto de vista numérico, essas equações se apresentam sem nenhum problema. Mas a representação geométrica nos trai, pois seria necessário imaginar figuras em quatro dimensões, o que não é concebível em nosso mundo limitado a três dimensões.

Essa capacidade da álgebra de gerar problemas a priori inacessíveis à geometria seria em grande parte responsável pela reviravolta que vai ocorrer no Renascimento, na qual aquela tira desta o título de disciplina-rainha da matemática.

No fim do século IX, o matemático egípcio Abu Kamil é um dos principais sucessores de al-Khwarizmi. Ele generaliza os métodos do cientista persa e se interessa em particular pelos sistemas de equações. Esses sistemas consistem em encontrar simultaneamente vários números desconhecidos a partir de várias equações. Eis aqui um exemplo clássico.

O rebanho de um criador é formado por dromedários com uma corcova e camelos com duas. São no total cem cabeças e 130 corcovas. Quantos são os animais de cada espécie?

Aqui, buscamos duas incógnitas, o número de dromedários e o de camelos, e as informações de que dispomos estão misturadas. As cabeças e as corcovas nos fornecem duas equações, mas não é possível resolver essas duas equações de maneira independente: é preciso encarar o problema como um todo.

Existem vários métodos para abordar o problema. Uma das maneiras de raciocinar é a seguinte: Como são cem cabeças, são cem animais. Ora, se houvesse apenas dromedários, haveria também cem corcovas, e estariam faltando trinta. Conclui-se assim que há trinta camelos, e os outros setenta são dromedários. Temos aqui apenas uma solução, mas outros sistemas mais complexos podem ter muitas mais. Assim, Abu Kamil afirma num de seus trabalhos ter resolvido certas equações para as quais encontrou 2.676 soluções diferentes!

No século X, Al-Karaji é o primeiro a escrever que é possível conceber equações de qualquer grau, muito embora sejam relativamente poucos os casos de figuras que ele consegue resolver. Nos séculos XI e XII, Omar Khayyam e Sharaf al-Din al-Tusi saem em busca do terceiro grau. Eles conseguem resolver certos casos específicos e geram avanços significativos em seu estudo, sem chegar a um método sistemático de resolução. Várias outras tentativas fracassam, e alguns matemáticos começam a falar da possibilidade de que essas equações não tenham resolução.

No fim das contas, a questão não seria resolvida pelos cientistas árabes. No século XIII, a época de ouro islâmica já não vive seus melhores anos, iniciando um lento declínio. Os motivos para isso são muitos: o domínio do Império Árabe-Muçulmano provoca muita cobiça, e ele é regularmente atacado, tanto no plano comercial quanto no militar.

Em 1219, as hordas mongóis de Gengis Khan invadem o Khwarezm natal de al-Khwarizmi. Em 1258, chegam às portas de Bagdá sob o comando de Hulagu Khan, neto de Gengis. O califa Almostacim é obrigado a se render. Bagdá é saqueada, incendiada e seus habitantes são massacrados. Na mesma época, a Reconquista dos territórios do sul da Espanha pelos povos cristãos se acelera. Córdoba, capital da região, cai em 1236. Os espanhóis são totalmente reconquistados em 1492, com a retomada de Granada e do seu palácio da Alhambra.

A organização científica do mundo árabe é suficientemente descentralizada para resistir por algum tempo a essas derrotas. Pesquisas da maior importância continuariam a ser feitas até o século XVI, mas o vento da história muda de direção e a Europa se prepara para retomar a bandeira da matemática.

10

O que veio depois

No período medieval, devemos reconhecer, a matemática não vai propriamente de vento em popa na Europa. Mas encontramos algumas exceções. O maior matemático europeu da Idade Média é sem dúvida o italiano Leonardo Fibonacci, nascido em Pisa em 1175 e morto em 1250 na mesma cidade.

Como alguém se torna um matemático importante na Europa dessa época? Não permanecendo nela. O pai de Fibonacci é representante dos comerciários da república de Pisa em Bejaia, na atual Argélia. É lá que o cientista italiano recebe sua educação e descobre os trabalhos dos matemáticos árabes, especialmente al-Khwarizmi e Abu Kamil. De volta a Pisa, ele publica, em 1202, o *Liber Abaci*, o *Livro dos cálculos*, no qual apresenta todo um panorama da matemática da época, dos algarismos árabes à geometria de Euclides, passando pelos resultados da aritmética de Diofanto e pelos cálculos de sequências numéricas. E, por sinal, uma dessas séries lhe daria grande popularidade nos séculos seguintes.

Uma sequência numérica é uma sucessão de números que pode se prolongar infinitamente. Já conhecemos algumas. A sequência de números ímpares (1, 3, 5, 7, 9...) e a de números quadrados (1, 4, 9, 16, 25...) estão entre os exemplos mais simples. Em um dos problemas do *Liber Abaci*, Fibonacci tenta descrever matematicamente a evolução de uma criação de coelhos. Considera então as seguintes hipóteses simplificadas:

1. *Um casal de coelhos não está em idade de se reproduzir nos seus dois primeiros meses;*
2. *A partir do terceiro mês, um casal gera um novo casal todos os meses.*

A partir dessas hipóteses, é possível prever a árvore de descendência de um jovem casal de coelhos.

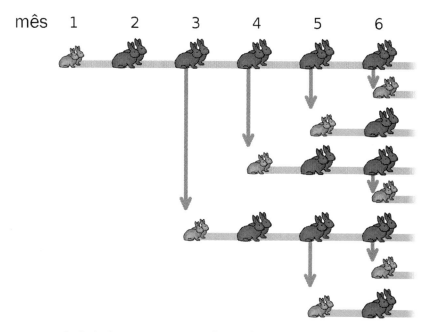

Cada linha representa a evolução de um casal de coelhos ao longo do tempo. As flechas representam os nascimentos.

Podemos então contemplar a sequência formada pelo número de casais ao longo do tempo. Olhando coluna por coluna, a árvore nos dá os valores dos seis primeiros meses: 1, 1, 2, 3, 5, 8...

Fibonacci observou que, a cada mês, a população de coelhos era igual à soma dos dois meses anteriores: 1 + 1 = 2; 1 + 2 = 3; 2 + 3 = 5; 3 + 5 = 8... e assim sucessivamente. Essa regra pode ser explicada. A cada mês, o número de casais que nasce, que se soma aos coelhos já existentes, é igual ao número de

O QUE VEIO DEPOIS

casais em idade de procriar do mês anterior, ou seja, igual ao número de casais que já haviam nascido dois meses antes. Agora é possível calcular os termos da sequência sem precisar detalhar com precisão a genealogia dos coelhos.

$$1, 1, 2, 3, 5, 8, 13, 21, 34, 55, 89, 144...$$

Para Fibonacci, o problema é, antes de mais nada, um enigma recreativo. Mas o fato é que a sequência demográfica dos coelhos encontraria nos séculos subsequentes múltiplas aplicações, tanto práticas quanto teóricas.

Um dos exemplos mais impressionantes é sem dúvida seu surgimento na botânica. A filotaxia é a disciplina que estuda a maneira como as folhas e os diferentes elementos constitutivos de um vegetal se implantam em torno do caule. Se observarmos uma pinha, constataremos que sua superfície é composta de escamas que se enroscaram em espirais. Mais precisamente, podemos contar o número de espirais que giram no sentido horário e o número de espirais que giram no sentido anti-horário.

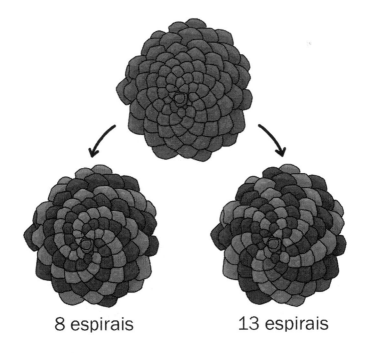

8 espirais   13 espirais

Por incrível que pareça, esses dois números são invariavelmente dois termos consecutivos da sequência de Fibonacci! Passeando pela floresta, você poderá encontrar, por exemplo, pinhas do tipo 5-8, 8-13 ou 13-21, porém nunca do tipo 6-9 nem 8-11. Essas espirais de Fibonacci aparecem de maneira mais ou menos evidente em muitos outros vegetais. Se são bem visíveis nos abacaxis e no centro dos girassóis, já não são detectadas com facilidade na forma inchada de uma couve-flor. Mas o fato é que estão lá!

O NÚMERO DE OURO

Entre outras curiosidades, a sequência de Fibonacci também revelaria um vínculo profundo com um número conhecido desde a Antiguidade: o número de ouro. Seu valor é aproximadamente igual a 1,618, e os gregos o consideravam uma proporção perfeita. Como no caso do número π, o número de ouro tem uma escrita decimal infinita, e por isso lhe foi dado o nome de φ, que se pronuncia "fi".

O número de ouro assume numerosas variantes geométricas. Um retângulo de ouro é um retângulo cujo comprimento é φ vezes maior que a largura. Graças às propriedades do número de ouro, se dividirmos um retângulo de ouro em um quadrado e um retângulo, o novo retângulo sempre será um retângulo de ouro.

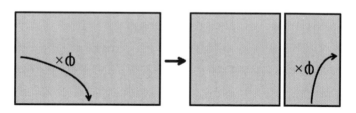

Os gregos o usaram sobretudo na arquitetura. A fachada do Partenon, em Atenas, tem proporções muito próximas do retângulo de ouro, e embora seja difícil encontrar fontes fidedignas sobre a intenção dos arquitetos, é muito possível que não tenha sido mero acaso. O primeiro texto a definir claramente o número de ouro que chegou até nós é o livro VI de *Os elementos* de Euclides.

Ele também aparece nos pentágonos regulares: a razão entre uma diagonal e um lado é precisamente igual ao número de ouro. Em outras palavras, o comprimento de cada uma das cinco diagonais é igual ao comprimento de um lado multiplicado por φ.

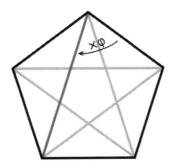

O número de ouro pode então ser encontrado em todas as estruturas geométricas que manifestam pentágonos. É o caso, por exemplo, da cúpula geodésica e das bolas de futebol que já vimos. Quando tentamos calcular seu valor exato por métodos algébricos, caímos na seguinte equação de segundo grau.

O quadrado do número de ouro é igual ao número de ouro acrescido de um.

Desse modo, o método de al-Khwarizmi permite obter sua fórmula exata. Encontramos φ = (1 + √5) ÷ 2 ≈ 1,618034.* Podemos então verificar que esse valor de fato respeita o enunciado da equação: 1,618034 × 1,618034 ≈ 2,618034.

Mas o que a sequência de Fibonacci tem a ver com isso?
Se observarmos a multiplicação dos coelhos por algum tempo, constataremos que a cada mês seu número é aproximadamente multiplicado por φ! Vejamos por exemplo o quinto e o sexto meses. A população passa de 8 a 13 coelhos, tendo sido portanto multiplicada por 13 ÷ 8 = 1,625. Com certeza não está muito longe do número de ouro, mas tampouco chega a sê-lo exatamente. Se tomarmos agora a passagem do décimo primeiro ao décimo segundo mês, a população é multiplicada por 144 ÷ 89 = 1,61797... Estamos chegando perto. E poderíamos continuar. Quanto mais tempo passa, mais o fator de multiplicação de um mês a outro se aproxima do número de ouro!

Uma vez feita a constatação, chega o momento das perguntas. Por quê? Como é possível que esse número aparentemente tão comum esteja presente em três terrenos distintos da matemática: a geometria, a álgebra e as sequências? Poderíamos supor inicialmente que se trata apenas de três números próximos, porém diferentes. Mas não: por maior que seja a precisão na medida da diagonal de um pentágono ou no cálculo (1 + √5) ÷ 2, por mais longe que se vá na sequência de Fibonacci, é impossível contornar a evidência: a cada vez nos deparamos de fato com o mesmo número.

---

* A notação √5 nesta fórmula designa a raiz quadrada do número 5, ou seja, o número positivo cujo quadrado é igual a 5. Este número vale aproximadamente 2,236.

> Para responder a essa questão, os matemáticos seriam obrigados a fazer demonstrações mistas, lançando pontes entre diferentes ramos da matemática. Esse fenômeno que já ocorria entre a geometria e a álgebra, graças às representações figuradas dos números na Antiguidade, vai se propagar aos outros ramos da matemática. Certas disciplinas que até então pareciam distantes umas das outras vão começar a dialogar. Números como o φ, à parte seu interesse específico, vão se revelar, assim, formidáveis mediadores. Na época de Fibonacci, o número π ainda não limita seu campo de ação à geometria apenas. Mas nos séculos seguintes, é ele que vai se tornar o campeão dessas numerosas passarelas.

O estudo das sequências também permite lançar nova luz sobre os paradoxos de Zenão de Eleia, e especialmente o de Aquiles e a tartaruga. É a história da corrida imaginada pelo cientista grego: a tartaruga sai com cem metros de vantagem em relação a Aquiles, mas ele corre duas vezes mais rápido. Em tal situação, o paradoxo parecia mostrar que, apesar da lentidão, a tartaruga jamais seria ultrapassada.

Essa conclusão provinha da divisão da corrida em uma infinidade de etapas. No momento em que Aquiles chega ao ponto de partida da tartaruga, ela já terá avançado 50 metros. Enquanto Aquiles percorre esses 50 metros, a tartaruga já estará 25 metros adiante, e assim sucessivamente. As defasagens entre os dois corredores em cada uma dessas etapas formam uma sequência em que cada termo vale a metade do anterior.

$$100 \quad 50 \quad 25 \quad 12{,}5 \quad 6{,}25 \quad 3{,}125 \quad 1{,}5625\ldots$$

A sequência é infinita, motivo pelo qual poderíamos deduzir equivocadamente que Aquiles jamais alcançará a tartaruga. Mas se adicionarmos essa infinidade de números, encontraremos um resultado que nada tem de infinito.

$$100 + 50 + 25 + 12,5 + 6,25 + 3,125 + 1,5625 +... = 200.$$

É uma das grandes curiosidades das sequências: a soma de uma infinidade de números pode ser finita! A soma anterior nos mostra que Aquiles vai ultrapassar a tartaruga depois de 200 metros de corrida.*
Essas adições infinitas também se revelariam de grande utilidade no cálculo de números provenientes da geometria, como π e as razões trigonométricas. Se esses números não podem ser expressos com as operações elementares clássicas, torna-se possível obtê-los pela soma de sequências. Um dos primeiros a explorar essa possibilidade foi o matemático indiano Madhava de Sangamagrama, que descobriu por volta do ano 1500 uma fórmula para o número π:

$$\pi = \left(\frac{4}{1}\right) + \left(-\frac{4}{3}\right) + \left(\frac{4}{5}\right) + \left(-\frac{4}{7}\right) + \left(\frac{4}{9}\right) + \left(-\frac{4}{11}\right) + \left(\frac{4}{13}\right) + \cdots$$

Os termos da sequência de Madhava são alternadamente positivos e negativos, e a eles se chega dividindo 4 pelos sucessivos números ímpares. Mas nem por isso devemos supor que essa soma resolve definitivamente o problema de π. Uma vez postulada a adição, ainda é necessário encontrar seu resultado. Ora, se certas somas de sequências, como a de Aquiles e a tartaruga, podem ser facilmente calculadas, outras, em compensação, são particularmente resistentes, e é o caso da sequência de Madhava.

---

* O cálculo da soma de uma infinidade de números é feito com o conceito de limite. O método consiste em abreviar a soma para considerar apenas um número finito de termos, em seguida acrescentando cada vez mais para ver de qual número limite essas somas abreviadas se aproximam. No caso de Aquiles e da tartaruga, se considerarmos apenas os sete primeiros termos, encontramos: 100 + 50 + 25 + 12,5 + 6,25 + 3,125 + 1,5625 = 198,4375. Se prolongarmos a soma até o vigésimo termo, encontraremos aproximadamente 199,9998. É possível demonstrar que, somando cada vez mais termos, de fato nos aproximamos de 200. A soma infinita equivale, portanto, a 200.

O QUE VEIO DEPOIS

Em suma, essa soma infinita não permite realmente alcançar uma escrita decimal exata de π, mas abre novas portas para melhores aproximações. Como não se pode adicionar de uma só vez uma infinidade de termos, sempre podemos nos contentar com um número finito deles. Assim, mantendo apenas os cinco primeiros termos, encontramos 3,34.

$$\left(\frac{4}{1}\right) + \left(-\frac{4}{3}\right) + \left(\frac{4}{5}\right) + \left(-\frac{4}{7}\right) + \left(\frac{4}{9}\right) \approx 3,34.$$

Não é uma aproximação muito boa, mas não seja por isso. Podemos ir mais longe. Se tomarmos os cem primeiros termos, chegamos a 3,13, e depois de 1 milhão de termos, vamos a 3,141592.

Claro que devemos convir que não é muito prático adicionar 1 milhão de termos para obter apenas uma aproximação de seis decimais. A sequência de Madhava tem o defeito de convergir muito lentamente. Mais tarde, outros matemáticos, como o suíço Leonhard Euler, no século XVIII, e o indiano Srinivas Ramanujan, no século XX, descobririam uma infinidade de outras sequências de soma igual a π, mas que se aproximam dele muito mais rapidamente. Esses métodos aos poucos substituiriam o de Arquimedes, permitindo calcular sempre mais decimais.

As razões trigonométricas também têm suas sequências. Eis aqui, a título de exemplo, a soma para o cosseno de determinado ângulo.

$$\text{cosseno} = 1 - \frac{\text{ângulo}^2}{1 \times 2} + \frac{\text{ângulo}^4}{1 \times 2 \times 3 \times 4} - \frac{\text{ângulo}^6}{1 \times 2 \times 3 \times 4 \times 5 \times 6} + \cdots$$

Para encontrar o valor do cosseno, basta substituir "ângulo" pela medida do ângulo em questão.* Fórmulas semelhantes existem para os senos, as tangentes e uma infinidade de outros números específicos surgidos em diferentes contextos.

Hoje, as sequências continuam tendo muitas aplicações. No caminho aberto por Fibonacci, elas ainda são usadas em dinâmica das populações para estudar a evolução das espécies animais ao longo do tempo. Mas os modelos atuais são muito mais precisos e levam em conta uma infinidade de parâmetros, como mortalidade, predadores, clima e, de modo mais genérico, a variabilidade dos ecossistemas em que vivem os animais. De maneira mais geral, as sequências interferem na modelagem de todo processo que evolua etapa por etapa ao longo do tempo. Informática, estatística, economia e meteorologia são alguns dos campos que recorrem a elas.

---

* Mas atenção: para que a fórmula funcione, o ângulo não deve ser medido em grau, mas em radiano. Com essa nova unidade, uma volta completa não faz mais 360°, mas dois 2π radianos. Pode parecer estranho, mas é com essa unidade que as fórmulas trigonométricas e as sequências a elas associadas funcionam corretamente.

11
Mundos imaginários

No início do século XVI, as sementes lançadas por Fibonacci começam a dar frutos com o surgimento de uma nova geração de matemáticos, que levaria adiante as pesquisas algébricas iniciadas pelos cientistas árabes. São eles que finalmente vão conseguir resolver as equações de terceiro grau, depois de um caso dos mais rocambolescos.

Essa história começou no início do século XVI com um negociante e professor de aritmética da Universidade de Bolonha chamado Scipione Del Ferro. Interessado pela álgebra, Del Ferro foi o primeiro a descobrir as fórmulas de resolução do terceiro grau. Infelizmente, nessa época, o espírito de difusão dos conhecimentos que reinava no mundo árabe ainda não tinha curso na Europa. Periodicamente, a Universidade de Bolonha renovava seu quadro docente. Para continuar sendo o melhor e manter seu posto, Del Ferro não queria que os concorrentes conhecessem seu segredo. Redigiu sua descoberta, mas não a publicou, limitando-se a revelá-la a um punhado de discípulos que, como ele, guardaram segredo.

Portanto, quando o matemático bolonhês morreu, em 1526, a comunidade matemática italiana ainda ignorava que as equações de terceiro grau tinham sido resolvidas. Muitos continuavam achando, inclusive, que isso simplesmente não era possível. Mas um dos discípulos de Del Ferro, Antonio

Maria Del Fiore, informado a respeito pelo mestre, não conseguiu deixar de bancar o esperto. Começou a lançar aos outros matemáticos do país desafios que consistiam basicamente em resolver equações de grau três. Naturalmente, ele vencia em todos os casos. Começou então a se espalhar aos poucos o boato da existência de uma solução.

Em 1535, um cientista veneziano chamado Niccolò Fontana Tartaglia foi desafiado por Del Fiore. Tartaglia tinha na época 35 anos e ainda não havia publicado obras científicas importantes. Logo, Del Fiore não sabia que estava se dirigindo a alguém que haveria de se tornar um dos melhores matemáticos de sua geração. Os dois trocaram listas de trinta questões, apostando trinta banquetes a serem oferecidos pelo vencido ao vencedor! Durante várias semanas, Tartaglia quebrou a cabeça com os problemas de terceiro grau enviados por Del Fiore, mas poucos dias antes do prazo também conseguiu encontrar as fórmulas! E foi assim que resolveu os trinta problemas em poucas horas, vencendo o desafio com o pé nas costas.

A história poderia ter acabado aí, mas Tartaglia também se recusou a tornar público o seu método. E a situação ficou nisso por mais quatro anos.

Foi quando o caso chegou aos ouvidos de um matemático e engenheiro milanês chamado Girolamo Cardano. Seu nome afrancesado, Jérôme Cardan, certamente diz algo aos amantes de mecânica: entre outras coisas, ele é o inventor das juntas universais, ou juntas de Cardan, que transmitem às rodas a rotação do motor dos nossos carros. Até então, Cardano estava entre os que consideravam impossível a resolução das equações de terceiro grau. Intrigado pelo desafio vencido por Tartaglia, tentou aproximar-se dele. No início de 1539, enviou-lhe oito problemas a serem resolvidos, pedindo que lhe transmitisse seu método. Tartaglia recusou-se categoricamente. O cientista milanês se aborreceu e tentou uma manobra de intimidação, exortando todos os algebristas do país a denunciar a arrogância do colega. Tartaglia não cedeu.

Mas foi pela astúcia que Cardano finalmente alcançou seus objetivos. Ele mandou comunicar a Tartaglia que o marquês de Alvaos, governador de Milão, queria encontrá-lo. Em Veneza, Tartaglia estava, na época, em situação precária, precisando mesmo de um protetor. Concordou assim em ir a Milão, onde a entrevista estava marcada para 15 de março de 1539, na própria residência de Cardano. Em vão, Tartaglia esperou o governador durante três dias. Foi tempo suficiente para Cardano vencer sua desconfiança. Ao fim de laboriosas negociações, Tartaglia acabou cedendo, desde que Cardano jurasse jamais publicar seu método. O juramento foi feito, e as fórmulas, transmitidas.

Cardano começou então a dissecar as fórmulas. O método funcionava maravilhosamente, mas ainda lhe faltava algo: uma demonstração. Até então, nenhum dos matemáticos envolvidos conseguira provar de maneira rigorosa que suas fórmulas funcionavam bem em todos os casos. Foi a missão que Cardano resolveu abraçar nos anos seguintes. Acabou conseguindo, e um de seus alunos, Ludovico Ferrari, foi capaz inclusive de generalizar o método para resolver as equações de quarto grau! Entretanto, presos ao juramento de Milão, os dois matemáticos não podiam publicar seus resultados.

Mas Cardano não desistiu. Em 1542, foi a Bolonha com Ferrari para encontrar Hannibale Della Nave, outro ex-aluno de Scipione Del Ferro. Os três conseguiram se apropriar das velhas anotações deste último e constataram que, de fato, fora ele o primeiro a encontrar as fórmulas. Desse modo, Cardano se considerou liberado do juramento e publicou, em 1547, a *Ars Magna*, ou *Arte maior*, obra que enfim revelava ao mundo o método de resolução do terceiro grau. Furioso, Tartaglia insultou Cardano violentamente e publicou sua versão da história. Tarde demais. Aos olhos do mundo inteiro, Cardano tornara-se aquele que havia vencido o terceiro grau, e ainda hoje o método é conhecido pelo nome de fórmulas de Cardan.

Mas alguns detalhes da *Ars Magna* causariam certo ceticismo entre os algebristas da época. Em vários casos, as fórmulas de Cardan parecem requerer o cálculo de raízes quadradas de números negativos. Numa determinada equação, pode-se encontrar por exemplo a raiz de -15, que, por definição, deve ser um número cujo quadrado vale -15. Acontece que isso é absolutamente impossível, em virtude da regra dos sinais de Brahmagupta. O quadrado de um número positivo é positivo, mas o quadrado de um número negativo também é positivo! Por exemplo: $(-2)^2 = (-2) \times (-2) = 4$. Nenhum número multiplicado por ele mesmo pode dar -15. Em suma, as raízes quadradas que aparecem no cálculo dessas soluções simplesmente não existem. Só que, valendo-se desses números inexistentes como etapas intermediárias, o método de Cardan ainda assim chega ao bom resultado! Estranho e intrigante.

Um outro matemático de Bolonha, Rafael Bombelli, se debruçaria sobre esse problema, propondo que as raízes das quantidades negativas podiam de fato ser uma espécie completamente nova de números. Números nem positivos nem negativos! Números de natureza estranha e inédita, cuja existência até então nada permitia supor. Depois da chegada do zero e dos negativos, a grande família dos números mais uma vez estava para ser ampliada.

No fim da vida, Bombelli escreveu sua grande obra, *Algebra opera*, publicada no ano de sua morte, 1572. Nela, retomava as descobertas da *Ars Magna*, introduzindo essas novas criaturas, a que dava o nome de números sofisticados. Bombelli faz por eles o que Brahmagupta fizera em sua época com os negativos. Ele relaciona o conjunto das regras de cálculo que regem os sofisticados, fazendo em particular com que seu quadrado seja negativo.

Os sofisticados de Bombelli tiveram um destino muito semelhante ao dos números negativos. Eles também enfrentariam céticos e incrédulos. Mas igualmente acabariam se impondo, de tal maneira que sua força revolucionaria o mundo da matemática. Entre os céticos convertidos, encontramos no início do século XVII o matemático e filósofo francês René Descartes. Ele é que daria a esses recém-chegados o nome pelo qual ainda hoje são conhecidos: números imaginários.

Ainda seriam necessários dois séculos para que os imaginários fossem plenamente aceitos por toda a comunidade matemática. Eles se tornariam, então, incontornáveis na ciência moderna. Além das equações, esses números encontrariam múltiplas aplicações em ciências físicas, sobretudo no estudo dos fenômenos ondulatórios constatados, por exemplo, na eletrônica e na física quântica. Sem eles, muitas inovações tecnológicas modernas não teriam sido possíveis.

Entretanto, ao contrário dos negativos, os números imaginários ainda são praticamente desconhecidos fora dos círculos científicos. Eles vão de encontro à intuição, são difíceis de conceber e não representam fenômenos físicos simples. Se os negativos ainda podiam ser compreendidos como uma dívida ou um déficit, no caso dos imaginários somos forçados a abrir mão definitivamente de pensar nos números como quantidades. Impossível conferir-lhes um sentido aplicável na vida cotidiana e usá-los para contar maçãs ou carneiros.

Aos poucos, os números imaginários livrariam os matemáticos dos seus últimos complexos. Afinal, se basta aceitar a existência de raízes quadradas negativas para criar uma nova espécie de números, por que não ir ainda mais longe? Não seria possível acrescentar novos números à vontade, desde que fossem definidas suas propriedades aritméticas? Não se poderia inclusive inventar novas estruturas algébricas totalmente independentes dos números clássicos?

No século XIX, são abolidos os últimos apriorismos que ainda persistiam a respeito do que os números devem ser. Assim, uma estrutura algébrica torna-se simplesmente uma construção matemática composta de elementos (que em certos contextos podem ser chamados de números, mas nem sempre) e operações que podem ser feitas com esses elementos (também chamadas de adição, multiplicação etc. em certos contextos, mas nem sempre).

Essa nova liberdade daria origem a uma formidável explosão criadora. Novas estruturas algébricas mais ou menos abstratas são descobertas, estudadas, classificadas. Ante o vasto alcance dessa tarefa, os matemáticos da Europa e depois do mundo todo se organizam, trocam, colaboram. Ainda hoje, muitas pesquisas algébricas continuam sendo feitas em todo o mundo, restando ainda demonstrar numerosas conjecturas.

INVENTE A SUA TEORIA MATEMÁTICA

Você sonha ter um teorema com o seu nome, a exemplo de Pitágoras, Brahmagupta e al-Kashi? Pois veio mesmo a calhar: eu agora lhe proponho criar e estudar sua própria estrutura algébrica. Para isso, vai precisar de dois ingredientes: uma lista de elementos e uma operação que permita compô-los.

Tomemos por exemplo oito elementos a serem notados com os seguintes símbolos: ♥, ♦, ♣, ♠, ♪, ♫, ▲ e ☼. Também precisamos de um sinal para nossa operação, e podemos tomar por exemplo *, a que daremos o nome de bombelliação, em homenagem ao cientista italiano. Para determinar o resultado da bombelliação, precisamos agora estabelecer a tabela dessa operação. Tracemos uma de oito linhas e oito colunas correspondendo aos nossos oito elementos e tratemos de preenchê-la como melhor nos aprouver, colocando um dos elementos em cada casa.

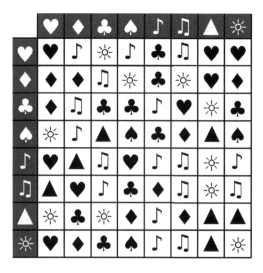

Pronto! Sua teoria está pronta, resta apenas estudá-la. Observando a segunda linha e a quarta coluna, você pode constatar, por exemplo, que, bombelliando ♦ por ♠, obtemos ☼. Em outras palavras, ♦ * ♠ = ☼. Você pode até resolver equações na sua teoria. Veja esta por exemplo:

Encontrar um número que dê ♪ se for bombelliado com ♣.

Para encontrar eventuais soluções, basta dar uma olhada na nossa tabela. Verificamos que há duas soluções: ♦ e ♪, pois ♦ * ♣ = ♪ e ♪ * ♣ = ♪.

Mas é preciso ter cuidado, pois, na nossa nova teoria, certas propriedades a que estamos habituados podem tornar-se falsas. Por exemplo, o resultado pode não ser o mesmo em função da ordem em que dois elementos sejam bombelliados: ♥ * ♦ = ♪, mas ♦ * ♥ = ♦. Nesse caso, dizemos que a operação não é comutativa.

Com um pouco de observação, você poderá ainda assim descobrir algumas propriedades um pouco mais gerais. Por exemplo, bombelliando um elemento com ele mesmo, sempre caímos nele mesmo: ♥ * ♥ = ♥, ♦ * ♦ = ♦, ♣ * ♣ = ♣, e assim por diante. Esse resultado merece o título de primeiro teorema da nossa teoria!

Em suma, você já entendeu o princípio. Se quiser seus próprios teoremas, cabe a você encontrá-los. Poderá, naturalmente, tomar o número de elementos que quiser. Inclusive uma infinidade deles, se assim desejar. Poderá definir notações mais complexas, como no caso dos números inteiros, que não têm cada um o seu próprio símbolo, sendo escritos a partir dos dez algarismos indianos.

> E poderá em seguida acrescentar regras de cálculo que sirvam de axiomas para a sua teoria. É possível, por exemplo, enunciar na definição da sua estrutura algébrica que a operação é comutativa.
> Bom, não vamos aqui nos enganar, pois dessa maneira não há de fato muita esperança de que a sua teoria passe à posteridade. Nem todos os modelos matemáticos têm o mesmo valor! Alguns são mais úteis e importantes que outros. Ao criar sua tabela de operação ao acaso, é muito alta a probabilidade de que o seu modelo seja absolutamente desinteressante. E se por acaso não fosse, poderíamos apostar que outro matemático já o teria estudado antes de você.
> Pois, afinal de contas, não devemos exagerar: matemático é uma profissão!

Como identificar uma teoria interessante? Ao longo da história, dois critérios principais guiaram os matemáticos em suas explorações. O primeiro é a utilidade, e o segundo, a beleza.

A utilidade é sem dúvida o ponto mais evidente. Servir para alguma coisa foi a primeira razão da matemática. Os números são úteis porque permitem contar e comerciar. A geometria permite medir o mundo. A álgebra permite resolver problemas da vida cotidiana.

Já a beleza pode parecer um critério mais vago e menos objetivo. De que maneira uma teoria matemática pode ser bela? A coisa pode ser mais facilmente entendida em geometria, na qual certas figuras podem ser apreciadas visualmente como obras de arte. É o caso dos frisos dos mesopotâmicos, dos sólidos de Platão e dos calcetamentos do Alhambra. Mas e em álgebra? Uma estrutura algébrica pode de fato ser bela?

Durante muito tempo achei que o privilégio de ser tocado pela elegância ou poesia dos objetos matemáticos era uma questão de especialistas, de privilegiados, algo que só poderia ser capturado pelos amadores esclarecidos, aqueles que passaram muito tempo estudando, dissecando, digerindo as teorias nos seus mais ínfimos detalhes, aqueles que desenvolveram uma intimidade amadurecida e profunda com os conceitos abstratos. Mas estava errado, e desde então tive muitas oportunidades de constatar que esse sentimento de elegância está ao alcance até dos absolutos neófitos e mesmo das crianças pequenas.

Um dos exemplos mais impressionantes se materializou para mim quando eu dirigia oficinas de pesquisa com uma turma de segundo ano do ensino fundamental. As crianças tinham em torno de 7 anos. Tinham de manipular triângulos, quadrados, retângulos, pentágonos, hexágonos e muitas outras formas a serem selecionadas por critérios definidos por eles. Ficou evidente então que podíamos contar o número de lados de cada uma dessas figuras, assim como o número de vértices. Os triângulos têm três lados e três vértices, os quadrados e os retângulos têm quatro lados e quatro vértices, e assim por diante. Estabelecendo essa lista, as crianças rapidamente criaram um teorema: um polígono sempre tem a mesma quantidade de lados e vértices.

Na semana seguinte, para desafiá-las, apresentamos figuras mais estranhas, uma delas com a seguinte forma:

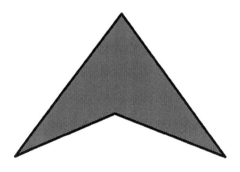

Surge então a questão: quantos lados e quantos vértices? A maioria dos alunos responde 4 lados e 3 vértices. O ângulo invertido na parte de baixo da figura não tem cara de vértice. Não é pontudo. Parece mais uma cavidade do que uma saliência. Em suma, consideramos esse ângulo que não entrava na ideia prévia que os alunos tinham de um vértice. Pretender que chamassem esse ponto de vértice era pretender que dessem o mesmo nome a coisas diferentes! Mas que ideia! Todos então discutem. Nem todas as crianças estão de acordo quanto a esse novo ponto. Seria o caso de lhe dar outro nome? Ou ignorá-lo completamente? Surgem argumentos contra e a favor, mas no geral nenhum deles parece convencer a maioria.

Até que, de repente, um aluno se lembra do teorema. Se não é um vértice, não podemos mais dizer que todo polígono tem a mesma quantidade de lados e vértices. Para meu grande espanto, foi esse argumento que num instante decidiu tudo. Em questão de segundos, todos se puseram de acordo: o ponto tinha mesmo de levar o nome de vértice. Era preciso salvar o teorema, ainda que ao preço de descartar nossos preconceitos. Seria uma pena que um enunciado tão simples e límpido precisasse ter exceções. Foi essa a manifestação mais precoce a que pude assistir de um sentimento de elegância matemática expressa por crianças pequenas.

As exceções não têm nada de belo. Elas doem no coração. Quanto mais simples for um enunciado e maior o seu alcance, mais ele nos dá a impressão de tocar algo profundo. Em matemática, a beleza pode assumir várias formas, todas elas se manifestando nessa relação perturbadora da complexidade dos objetos estudados com a simplicidade de sua formulação. Uma bela teoria é uma teoria econômica, sem resíduos, sem exceções arbitrárias nem distinções inúteis. É uma teoria que diz muito com pouco, que fixa o essencial em algumas palavras, que vai direto ao impecável.

Se o exemplo dos polígonos é elementar, essa impressão de elegância só faz aumentar à medida que as teorias se ampliam, ao mesmo tempo preservando uma ordem que se reduza a algumas regras simples. O que é ainda mais perturbador quando uma nova teoria que poderíamos supor mais complexa que a antiga se revela na realidade muito mais ajustada e harmoniosa. Os números imaginários são uma perfeita ilustração disso.

Lembre-se das equações de segundo grau. De acordo com o método de al-Khwarizmi, era possível que essas equações tivessem duas soluções, mas também era possível que tivessem apenas uma, e mesmo que não tivessem nenhuma. Isso é válido se considerarmos apenas as soluções que não envolvem números imaginários. Se levarmos em conta esses números, a regra vem a ser consideravelmente apenas: todas as equações de segundo grau têm duas soluções! Quando al-Khwarizmi afirmava que uma equação não tinha solução, era apenas por estar bloqueado num conjunto demasiado limitado de números. Suas duas soluções eram imaginárias.

Mas há ainda algo melhor que isso. Graças aos números imaginários, todas as equações de terceiro grau têm três soluções, todas as equações de quarto grau têm quatro soluções, e assim por diante. Em suma, a regra é: o número de soluções de uma equação é igual ao seu grau. Esse resultado foi conjecturado no século XVIII e veio a ser demonstrado no início do século XIX pelo matemático alemão Carl Friedrich Gauss. Hoje ele é conhecido como o teorema fundamental da álgebra.

Mais de mil anos após o tratado de al-Khwarizmi, depois de todos os problemas enfrentados pelo terceiro grau, das dificuldades para conceber equações além do quarto grau sem representação geométrica, quem teria imaginado que tudo acabaria cabendo numa simples regra de doze palavras? O número de soluções de uma equação é igual ao seu grau.

Eis aí o prodígio operado pelos imaginários! E nem só as equações saem lucrando. No mundo imaginário, muitos teoremas de repente são enunciados com uma concisão e uma elegância de tirar o fôlego. Todas as peças do quebra-cabeça matemático parecem se encaixar às mil maravilhas. Bombelli provavelmente não imaginava que, legitimando seus números "sofisticados", estava timidamente abrindo a porta de um verdadeiro paraíso para gerações de matemáticos.

Nas novas estruturas algébricas que surgem no século XIX, os matemáticos buscam esse mesmo tipo de propriedades. Regras gerais, simetrias, analogias, resultados que se encadeiam e se completam à perfeição. A historinha que inventamos antes está longe de preencher esses critérios para se tornar interessante. Ela é perfeitamente aleatória e, nela, quase tudo é um caso particular. Nada de grandes regras gerais sobre as equações, nem sobre as propriedades de sua operação. Tanto pior.

Entre os grandes nomes da álgebra moderna encontramos o francês Évariste Galois, gênio precoce que morreu aos 21 anos, em 1832, num duelo, mas que, em sua breve existência, ainda encontrou tempo para contribuir com sua pedrinha para a história das equações. Galois conseguiu provar que a partir do grau cinco, as soluções de certas equações não podiam mais ser calculadas com fórmulas semelhantes às de al-Khwarizmi ou Cardan, que usam apenas as quatro operações, potências e raízes. Para sua demonstração particularmente brilhante, ele criou novas estruturas algébricas sob medida, que são estudadas ainda hoje, com o nome de grupos de Galois.

Mas aquela que talvez se tenha mostrado mais prolífica na arte de deduzir grandes resultados algébricos a partir de um número restrito de axiomas elementares é a matemática alemã Emmy Noether. De 1907 à sua morte, em 1935, Noether publicou cerca de cinquenta artigos de álgebra, alguns dos quais revolucionaram a disciplina pela escolha das estruturas algébricas e dos teoremas que delas deduzia. Ela estudou principalmente o que hoje chamamos de anéis, corpos e álgebras,* isto é, estruturas dotadas respectivamente de três, quatro e cinco operações ligadas por propriedades bem escolhidas.

A álgebra entrou, então, em esferas de abstração diante das quais este modesto livro deve ceder a vez aos cursos universitários e às obras acadêmicas.

---

* A palavra "álgebra" designa ao mesmo tempo a disciplina como um todo e um tipo específico de estrutura algébrica.

12

Uma linguagem para a matemática

A Europa do século XVI vive em efervescência. O Renascimento transbordou da Itália e tomou conta de todo o continente. As inovações se sucedem, multiplicam-se as descobertas. A oeste, do outro lado do Atlântico, os navios espanhóis descobriram um novo mundo. E enquanto os exploradores se lançam em números cada vez maiores na busca por terras distantes, os intelectuais humanistas, em suas bibliotecas, voltam no tempo e redescobrem os grandes textos da Antiguidade. Também no terreno religioso as tradições são sacudidas. A reforma protestante promovida por Martinho Lutero e João Calvino alcança êxito cada vez maior, e a segunda metade do século assistiria à devastação das guerras religiosas.

A propagação dessas novas ideias é amplamente facilitada pelo advento de uma novíssima invenção desenvolvida na década de 1450 pelo alemão Johannes Gutenberg: a prensa de caracteres móveis. Graças a esse procedimento, torna-se possível imprimir com rapidez numerosos exemplares de um livro e difundi-lo em grande escala. Já em 1482, *Os elementos* de Euclides foram a primeira obra da matemática a ser levada a uma gráfica, em Veneza. A técnica tem um sucesso fulgurante! No início do século XVI, centenas de cidades têm suas gráficas, e dezenas de milhares de obras já foram impressas.

As ciências participam ativamente dessas transformações. Em 1543, o astrônomo polonês Nicolau Copérnico publica *De Revolutionibus Orbium Coelestium*, ou *Das revoluções das esferas celestes*. Um golpe violento! Descartando de uma só vez o sistema astronômico de Ptolomeu, Copérnico afirma que é a Terra que gira ao redor do Sol, e não o contrário! Nos anos seguintes, Giordano Bruno, Johannes Kepler e Galileu Galilei seguem seus passos, impondo o heliocentrismo como novo modelo cosmológico de referência. Essa revolução atraiu para os cientistas que a promoveram a ira da Igreja Católica, que, depois de ter estimulado por certo período o desenvolvimento científico, ficou de mãos abanando quando seus dogmas vieram a ser desmentidos. Se Copérnico teve a presença de espírito de só publicar seus trabalhos pouco antes de morrer, Bruno, em compensação, seria queimado em praça pública em Roma, e Galileu, obrigado a repudiar suas convicções diante do tribunal da Inquisição. Diz a lenda que, ao sair da sala onde era julgado, o cientista italiano murmurou em voz baixa estas quatro palavras que ficariam célebres: "E pur si muove!" E, entretanto, ela gira!

A matemática segue esse movimento e pouco depois desembarca nos grandes reinos do oeste europeu. Em especial na França.

Naturalmente, a matemática já fora praticada no território francês antes desse período. Os gauleses tinham seu sistema de numeração de base vinte, que provavelmente deixou como vestígio, por exemplo, a maneira como os franceses pronunciam o número 80: "quatre-vingts", ou quatro vintes. Os romanos que ocuparam a Gália, embora não fossem grandes matemáticos, dominavam os algarismos o suficiente para administrar com eficácia seu gigantesco império. E o mesmo se pode dizer dos francos, merovíngios, carolíngios e capetos que se sucederam ao longo da Idade Média. Mas a França em momento algum tivera matemáticos de destaque. E tampouco haviam sido descobertos alguma vez nesse território teoremas ou resultados importantes que já não tivessem sido encontrados em outra parte do mundo.

UMA LINGUAGEM PARA A MATEMÁTICA

Com o desembarque da matemática na França, tenho a oportunidade de colocar o pé na estrada de novo, rumo a Vendeia. É no oeste do país que tenho encontro marcado hoje com o primeiro grande matemático francês do Renascimento: François Viète.

A aldeia de Foussais-Payré, a doze quilômetros de Fontenay-le-Comte, é carregada de história. Os primeiros traços de ocupação do local remontam à época galo-romana, mas é no Renascimento que a aldeia vai conhecer um período de grande prosperidade. Artesãos e comerciantes nela se estabelecem em grande quantidade, e seus negócios florescem. Com o comércio da lã, do linho e do couro, eles ganham fama nos quatro cantos do reino. Ainda hoje, muitas construções dessa época são admiravelmente conservadas. Com apenas mil habitantes, a aldeia conta com nada menos que quatro construções consideradas monumentos históricos e muitas outras residências antigas.

Ao norte da aldeia, passamos pelo povoado de La Bigotière, antiga propriedade agrícola que François Viète herdou de seu pai, e que lhe valeu o título de senhor de La Bigotière. Na rua principal fica a hospedaria Sainte-Catherine, outra antiga propriedade da família, onde Viète gostava de passar o tempo na adolescência. Sinto uma forte emoção ao entrar nessa construção que assistiu ao crescimento do primeiro grande matemático do país. O jovem François certamente passou muitas noites de inverno junto à gigantesca lareira que domina a peça principal, hoje transformada em sala de refeições. Terá sido no calor dessa fogueira que se acenderam as primeiras brasas das suas ideias matemáticas?

Viète não viveu em Foussais-Payré a vida inteira. Depois de estudar direito em Poitiers, ele viajou para Lyon, onde foi apresentado ao rei Carlos IX, e em seguida passou algum tempo em La Rochelle, até se estabelecer em Paris.

As Guerras Religiosas nessa época estão no auge. A própria família de François fica dividida nessa questão. Seu pai, Étienne Viète, converteu-se ao protestantismo, ao passo que seus dois tios continuaram católicos.

François mantém-se indiferente a esses debates, e nunca revelaria suas convicções profundas. Ele trabalhou como advogado de grandes famílias protestantes e se tornou um alto dignitário do reino. Essas tergiversações fazem com que nem sempre seja visto com bons olhos, e ele precisou atravessar vários períodos de desgraça. Na Noite de São Bartolomeu, em 1572, ele está em Paris, e escapa do massacre. Mas nem todos tiveram essa sorte. Pierre de La Ramée, o primeiro a introduzir a matemática na Universidade de Paris, e cujos trabalhos tiveram forte influência em Viète, é assassinado em 26 de agosto.

Paralelamente a suas incumbências oficiais, Viète pratica a matemática como amador. Conhece, naturalmente, Euclides, Arquimedes e os cientistas da Antiguidade cujos textos são redescobertos no Renascimento. Interessa-se também pelos cientistas italianos e é um dos primeiros a ler a *Algebra Opera* de Bombelli, cuja publicação até então passara quase despercebida. O matemático francês mantém-se, contudo, alinhado aos céticos no que diz respeito à introdução dos números sofisticados. A vida inteira, Viète publicaria suas obras matemáticas por conta própria, para oferecê-las àqueles que lhe parecessem dignos de lê-las. Ele se interessa por astronomia, trigonometria e até criptografia.

Em 1591, Viète publica aquela que viria a se tornar sua obra principal: *In artem analyticem isagoge*, ou *Introdução à arte analítica*, muitas vezes chamada apenas de *Isagoge*. Estranhamente, não é pelos teoremas ou pelas demonstrações matemáticas nela desenvolvidas que a *Isagoge* marcará época, mas pela maneira como esses resultados são formulados. Viète seria o principal instigador da nova álgebra que, em questão de algumas décadas, daria origem a uma linguagem matemática completamente inovadora.

Para entender sua abordagem, devemos mergulhar de novo nas obras matemáticas das épocas anteriores. Se os teoremas geométricos de Euclides e os métodos algébricos de al-Khwarizmi ainda são muito úteis hoje em

UMA LINGUAGEM PARA A MATEMÁTICA

dia, o fato é que a maneira de expressá-los mudou de modo radical. Os cientistas antigos não tinham uma linguagem específica para escrever a matemática. Os símbolos que nos são tão conhecidos, como os usados nas quatro operações elementares, +, −, × e ÷, só seriam inventados no Renascimento. Durante quase cinco milênios, dos mesopotâmicos aos árabes, passando pelos gregos, os chineses e os indianos, as fórmulas matemáticas vampirizavam o vocabulário habitual das línguas em que eram escritas.

Dessa forma, livros de al-Khwarizmi e dos algebristas de Bagdá são inteiramente escritos em idioma árabe e sem nenhum simbolismo. Em suas obras, certos raciocínios podiam estender-se por várias páginas, ao passo que hoje em dia algumas linhas são suficientes. Basta lembrarmos a seguinte equação de segundo grau, apresentada no seu *al-jabr*:

O quadrado de um número mais vinte e um é igual a dez vezes esse número.

Eis a maneira como al-Khwarizmi detalhava sua resolução:

Os Quadrados e os Números são iguais às Raízes; por exemplo, "um quadrado e vinte e um em números são iguais a dez raízes do mesmo quadrado". Ou seja, qual deve ser a quantidade de um quadrado que, quando vinte e um dirhams lhe são acrescidos, torna-se igual ao equivalente de dez raízes desse quadrado? Solução: Tomemos a metade do número de raízes; a metade é cinco. Multipliquemo-la por ela mesma; o produto é vinte e cinco. Subtraiamos disso o vinte e um associado ao quadrado; o resto é quatro. Extraiamos sua raiz; dois. Subtraiamos isso da metade das raízes, que é cinco; restam três. Aí está a raiz do quadrado que buscávamos, e o quadrado é nove. Também poderíamos somar a raiz à metade das raízes; a soma é sete; ou seja, a raiz do quadrado que buscamos, e o próprio quadrado vale quarenta e nove.

Um texto assim é de leitura maçante hoje em dia, mesmo para estudantes que dominam perfeitamente o método em questão. Sua resolução leva a duas soluções: 9 e 49.

A álgebra retórica, como seria chamada mais tarde, não só é de escrita muito longa como sofre com certas ambiguidades da língua que podem conferir várias interpretações a uma mesma frase. Com a complexidade dos raciocínios e demonstrações, esse modo de escrita aos poucos vai se revelar de uso terrivelmente difícil.

A essas dificuldades podem somar-se, às vezes, as que os matemáticos impõem a si mesmos. Assim, regularmente encontramos matemáticas escritas em versos. Esse fenômeno muitas vezes é residual de uma tradição oral em que o aprendizado de cor é facilitado pela forma poética. Ao transmitir seu método de resolução do terceiro grau a Cardano, Tartaglia o redige em italiano e em versos alexandrinos! Naturalmente, a demonstração perde em clareza o que ganha em poesia, e podemos supor que Tartaglia, que sabemos resistente a divulgar a prova, quis voluntariamente confundir sua compreensão. Aqui vai um trecho em tradução livre.

Quando o cubo e as coisas
São igualados ao número,
Encontra dois outros que dele diferem.
Em seguida, como é habitual
Que seu produto seja igual
Ao cubo do terço da coisa.
Depois no resultado geral,
De suas raízes cúbicas bem subtraídas,
Vais obter tua coisa principal.

Bem confuso, não? O que Tartaglia chama de coisa é justamente o número buscado, a incógnita. A presença de cubos nesse texto deixa bem claro que estamos tratando de uma equação de terceiro grau. O próprio Cardano, em posse do poema, teria a maior dificuldade para decifrá-lo.

UMA LINGUAGEM PARA A MATEMÁTICA

Para enfrentar essa crescente complexidade, os matemáticos aos poucos começam a simplificar a linguagem algébrica. Esse processo se inicia no Ocidente muçulmano nos últimos séculos da Idade Média, mas o movimento alcançaria toda a sua amplitude, sobretudo na Europa, entre os séculos XV e XVI.

Numa primeira etapa, surgem novas palavras específicas da matemática. Assim, o matemático galês Robert Recorde propôs em meados do século XVI uma nomenclatura de certas potências do número desconhecido, baseada num sistema de prefixos capaz de multiplicar as potências tanto quanto desejado. O quadrado da incógnita, por exemplo, é chamado de "zenzike", sua sexta potência, de "zenzicubike", e sua oitava potência, de "zenzizenzizenzike".

Até que, aos poucos, começam a florescer por toda parte, desorganizadamente, símbolos novos que hoje em dia, no entanto, nos parecem tão conhecidos.

Por volta de 1460, o alemão Johannes Widmann é o primeiro a empregar os sinais + e - para designar a adição e a subtração. No início do século XVI, Tartaglia, que já conhecemos, é um dos primeiros a utilizar parênteses ( ) nos cálculos. Em 1557, o inglês Robert Recorde usa pela primeira vez o sinal = para designar a igualdade. Em 1608, o holandês Rudolph Snellius se vale de uma vírgula para separar a parte inteira e a parte decimal de um número. Em 1621, o inglês Thomas Harriot introduz os sinais < > para assinalar a inferioridade ou a superioridade de dois números.

Em 1631, o inglês William Oughtred usa a cruz × para notar a multiplicação, tornando-se em 1647 o primeiro a utilizar a letra grega π para designar a famosa razão de Arquimedes. O alemão Johann Rahn, por sua vez, emprega pela primeira vez, em 1659, o sinal ÷ para a divisão. Em 1525, o alemão Christoff Rudolff designa a raiz quadrada pelo sinal $\sqrt{}$, ao qual o francês René Descartes acrescenta uma barra horizontal em 1647: $\overline{\sqrt{}}$.

Naturalmente, tudo isso não ocorre de maneira linear e ordenada. Ao longo desse período, uma infinidade de outros símbolos nasce e morre. Alguns são usados apenas uma vez. Outros se desenvolvem e concorrem entre si. Entre a primeira utilização de um sinal e sua adoção definitiva pela comunidade matemática, muitas vezes se passam dezenas de anos. Assim, um século depois de introduzidos, os sinais + e - ainda não eram universalmente adotados, e muitos matemáticos ainda utilizavam as letras P e M, iniciais das palavras latinas *plus* e *minus*, para designar a adição e a subtração.

E o que tem Viète a ver com tudo isso? O cientista francês seria um dos catalisadores desse vasto movimento. Na *Isagoge*, ele lança um vasto programa de modernização da álgebra e deposita sua pedra angular ao introduzir o cálculo literal, ou seja, o cálculo com letras do alfabeto. Sua proposta é tão simples quanto desconcertante: denotar as incógnitas das equações com as vogais, e os números conhecidos, com as consoantes.

Mas essa repartição entre vogais e consoantes seria rapidamente abandonada em proveito de uma sugestão ligeiramente diferente de René Descartes: as primeiras letras do alfabeto (*a, b, c...*) designarão as quantidades conhecidas, e as últimas (*x, y e z*) serão as incógnitas. Essa convenção ainda hoje é usada pela maioria dos matemáticos, e a letra "x" tornou-se símbolo de desconhecido e mistério até na linguagem corrente.

Para entender bem de que maneira a álgebra é transformada por essa nova linguagem, lembremos da seguinte equação:

Buscamos um número que, multiplicado por 5, dê 30.

Graças ao novo simbolismo, essa equação pode agora ser escrita com um pequeno número de sinais: $5 \times x = 30$.

UMA LINGUAGEM PARA A MATEMÁTICA

Temos de reconhecer que é bem mais sucinto! Cabe aqui lembrar também que essa equação era apenas um caso particular de uma classe bem mais ampla:

Buscamos um número que, multiplicado por uma certa quantidade 1, dê uma quantidade 2.

Essa equação agora é escrita assim: a × x = b.

Como os números *a* e *b* ficam no início do alfabeto, sabemos que se trata de quantidades conhecidas a partir das quais queremos calcular x. E, como vimos, as equações desse tipo se resolvem dividindo-se a segunda quantidade conhecida pela primeira; em outras palavras: x = b ÷ a.

Com isso, os matemáticos começam a estabelecer listas de casos e regras de manipulação das equações literais. A álgebra aos poucos se transforma num tipo de jogo cujas jogadas autorizadas são determinadas por essas regras de cálculo. Retomemos, então, a resolução da nossa equação. Passando de a × x = b para x = b ÷ a, a letra *a* passou da esquerda para a direita do sinal =, e sua operação transformou-se de multiplicação em divisão. Trata-se, portanto, de uma regra autorizada: toda quantidade multiplicada pode passar para o outro lado da igualdade, tornando-se dividida. Regras semelhantes permitem tratar as adições e subtrações e transformar as potências. O objetivo do jogo continua sendo o mesmo: atualizar o valor da incógnita *x*.

Esse jogo de símbolos é tão eficaz que a álgebra rapidamente se torna independente da geometria. Não há mais necessidade de interpretar as multiplicações como retângulos, nem de fazer demonstrações em forma de quebra-cabeças. Os *x*, os *y* e os *z* passam a se encarregar da tarefa! Melhor ainda: a fulgurante eficácia do cálculo literal vai inverter a relação de força, e não demora para que a geometria se torne, ela sim, dependente das demonstrações algébricas.

Essa reviravolta seria desencadeada pelo francês René Descartes ao introduzir um meio simples e poderoso de algebrizar os problemas da geometria por um sistema de eixos e coordenadas.

Coordenadas cartesianas

A ideia de Descartes é tão elementar quanto genial: colocar no plano duas retas numéricas, uma horizontal e outra vertical, para localizar cada ponto geométrico por suas coordenadas em função desses dois eixos. Vejamos por exemplo o seguinte ponto A:

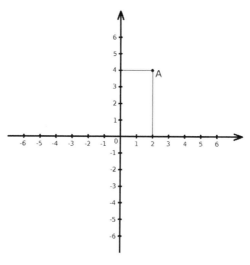

O ponto A está logo acima da marca 2 do eixo horizontal e no nível da marca 4 do eixo vertical. Suas coordenadas, portanto, são 2 e 4. Com esse método, torna-se possível representar cada ponto geométrico por dois números e, inversamente, associar um ponto a cada par de números.

Desde seus primórdios, a geometria e os números sempre tiveram relações estreitas, mas com as coordenadas de Descartes as duas disciplinas se fundem. Cada problema de geometria pode agora ser interpretado de maneira algébrica, e todo problema de álgebra pode ser representado geometricamente.

Vejamos por exemplo a seguinte equação de primeiro grau: x + 2 = y. É uma equação de duas incógnitas: nós buscamos x e y. É possível, por exemplo, ver que x = 2 e y = 4 formam uma solução, já que 2 + 2 = 4. Podemos notar então que os números 2 e 4 são precisamente as coordenadas do ponto A. Logo, essa solução pode ser representada geometricamente por esse ponto.

Na verdade, a equação x + 2 = y tem uma infinidade de soluções. Temos por exemplo x = 0 e y = 2 ou x = 1 e y = 3. Para cada valor possível de x, é possível encontrar o y correspondente adicionando 2. Podemos assim expressar no nosso plano todos os pontos que correspondem a essas soluções. Eis o que obtemos:

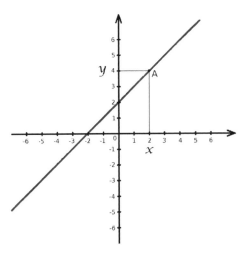

Uma linha reta! Todas as soluções se alinham à perfeição para formar uma linha reta. Nem uma única se desalinha. No mundo de Descartes, essa reta é, portanto, a representação geométrica da equação, assim como a equação é a representação algébrica da reta. Os dois objetos se confundem, e hoje em dia não é raro ouvirmos os matemáticos falarem da reta "x + 2 = y". Apesar de darmos o mesmo nome a coisas diferentes, o fato é que a álgebra e a geometria realmente estão se transformando em uma mesma disciplina.

Essa correspondência dá origem a todo um dicionário que permite traduzir os objetos da linguagem geométrica para a linguagem algébrica, e vice-versa. Por exemplo, o que se chama de "ponto médio" em geometria é chamado de "média" em álgebra. Retomemos nosso ponto A de coordenadas 2 e 4 e juntemos a ele um ponto B de coordenadas 4 e -6. Para encontrar o ponto médio do segmento que liga A e B, basta tirar a média das coordenadas. A primeira coordenada de A é 2, e a de B é 4, e então podemos deduzir que a primeira coordenada do ponto médio é igual à média desses dois números: (2 + 4)/2 = 3. Fazendo a mesma coisa com o eixo vertical, encontramos (4 + (-6))/2 = -1. As coordenadas do ponto médio, portanto, são 3 e -1. Podemos verificar que funciona bem traçando a figura:

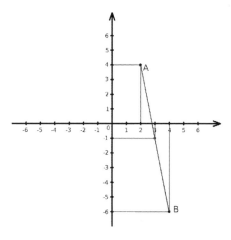

Nesse dicionário algébrico-geométrico, um círculo torna-se uma equação de segundo grau e o ponto de intersecção de duas curvas é dado por um sistema de equações, ao passo que no Teorema de Pitágoras, as construções trigonométricas e as representações em quebra-cabeças se metamorfoseiam em diversas fórmulas literais. Em suma, não é mais necessário traçar as figuras para fazer geometria, pois os cálculos algébricos tomaram seu lugar e são muito mais rápidos e práticos!

Nos séculos subsequentes, as coordenadas de Descartes alcançariam enormes êxitos. Um dos mais belos foi sem dúvida a resolução de uma conjectura que resistia aos matemáticos desde a Antiguidade: a quadratura do círculo. Seria possível traçar com régua e compasso um quadrado de área igual à de determinado círculo? Cabe lembrar aqui que, há 3 mil anos, o escriba Ahmes já quebrava a cabeça com essa questão. Depois dele, os chineses e os gregos tampouco tinham alcançado sucesso, e ao longo dos séculos o problema se transformara numa das maiores conjecturas da matemática.

Graças às coordenadas cartesianas, as linhas retas construídas com a régua se transformam em equações de primeiro grau, ao passo que os círculos do compasso se tornam equações de segundo grau. Do ponto de vista algébrico, a quadratura do círculo se apresenta, portanto, da seguinte maneira: será possível encontrar uma sucessão de equações de primeiro ou segundo grau cuja solução seja o número π? Essa nova formulação dá início a novas pesquisas, mas, mesmo colocada dessa maneira, a questão continuava sendo complicada.

O suspense finalmente chegaria ao fim em 1882, graças ao matemático alemão Ferdinand von Lindemann. Não, o número π não é uma solução das equações de grau 1 ou 2, e a quadratura do círculo, portanto, é impossível. Assim chegou ao fim o problema que até hoje foi a conjectura que por mais tempo resistiu às investidas dos matemáticos.

As coordenadas cartesianas facilmente podem ser generalizadas para a geometria no espaço. Em três dimensões, assim, cada ponto é localizado por três coordenadas, podendo ser aplicados os procedimentos algébricos da mesma maneira.

As coisas se tornam mais sutis a partir do momento em que passamos à quarta dimensão. Em geometria, é impossível representar uma figura em 4D, pois todo o nosso mundo físico é em 3D. Por outro lado, esse problema não existe em álgebra: um ponto da quarta dimensão é simplesmente uma lista de quatro números. E todos os métodos algébricos podem ser aplicados a ela. Se tomarmos, por exemplo, os pontos A e B, tendo como coordenadas 1, 2, 3, 4 e 5, 6, 7, 8, respectivamente, podemos tranquilamente utilizar a média desses números para afirmar que seu ponto médio é o ponto de coordenadas 3, 4, 5 e 6. A geometria em dimensão quatro seria explorada especialmente, no século XX, pela teoria da relatividade de Albert Einstein, que utilizaria a quarta coordenada para modelizar o tempo.

E assim podemos continuar ainda por muito tempo. Uma lista de cinco números é um ponto em dimensão 5. Se acrescentarmos um sexto número, estaremos em dimensão 6. Não há qualquer limite para esse processo. Uma lista de mil números é um ponto de um espaço de dimensão 1.000.

Nesse nível, a analogia pode parecer um simples jogo de linguagem engraçadinho, porém, sem real utilidade. Melhor não se iludir. Essa correspondência tem múltiplas aplicações, sobretudo na estatística, cujo objeto é precisamente estudar longas listas de dados numéricos.

Se analisarmos, por exemplo, dados demográficos de uma população, podemos querer quantificar a que ponto certas características como altura, peso e hábitos alimentares de um grupo de indivíduos flutuam em torno da média. Interpretando essa questão geometricamente, trata-se de calcular a distância entre dois pontos, o primeiro representando a lista de dados a respeito de cada indivíduo, e o segundo, a lista média. Há, portanto, tantas coordenadas quanto indivíduos no grupo. O cálculo então é feito com a ajuda de triângulos retângulos, nos quais podemos aplicar o Teorema de Pitágoras. Desse modo, um estatístico calculando o desvio-padrão de um grupo de mil indivíduos vai usar, muitas vezes sem sabê-lo, o Teorema de Pitágoras num espaço de dimensão 1.000! Esse método também é aplicado em biologia da evolução, para calcular a diferença genética entre duas populações animais. Medindo-se mediante fórmulas derivadas da geometria a distância entre seus genomas codificados em forma de listas de números, torna-se possível estabelecer a proximidade relativa de diferentes espécies, deduzindo aos poucos a árvore genealógica dos seres vivos.

Podemos inclusive levar a exploração até listas infinitas de números, pontos num espaço de dimensão infinita! Na verdade, já as conhecemos: são as sequências numéricas como a de Fibonacci. Estudando seus coelhos, o matemático italiano estava sem saber praticando a geometria em dimensão infinita! Essa interpretação geométrica é que permitiria, especialmente aos matemáticos do século XVIII, estabelecer da forma mais clara possível o vínculo sutil entre a sequência de Fibonacci e o número de ouro.

13

O alfabeto do mundo

"A filosofia é escrita nesse imenso livro que está sempre aberto ante nossos olhos, (digo, o universo), mas não poderemos entendê-lo se não nos esforçarmos antes por entender sua língua e conhecer os caracteres nos quais é escrito. Ele está escrito em língua matemática, e seus caracteres são triângulos, círculos e outras figuras geométricas, sem as quais é humanamente impossível entender uma palavra que seja."

Esse parágrafo, um dos mais famosos da história das ciências, foi escrito em 1623 pelo próprio Galileu, numa obra intitulada *Il Saggiatore, O ensaiador*.

Galileu é sem dúvida um dos cientistas mais prolíficos e inovadores de todos os tempos. O cientista italiano geralmente é considerado o fundador das ciências físicas modernas. E devemos reconhecer que seu currículo é no mínimo impressionante. Descobriu os anéis de Saturno, as manchas solares, as fases de Vênus e os quatro principais satélites de Júpiter. Ele foi um dos mais influentes defensores do heliocentrismo de Copérnico, enunciou o princípio da relatividade do movimento que hoje leva seu nome e foi o primeiro a estudar a queda dos corpos experimentalmente.

O ensaiador evidencia o forte vínculo que se estabelece nessa época entre a matemática e as ciências físicas. Galileu é um dos primeiros a promover essa aproximação. E sabemos que sua educação acadêmica foi qualificada, pois aos 19 anos foi iniciado na matemática por ninguém menos que Ostilio Ricci, um dos alunos de Tartaglia. Ele seria seguido por gerações de cientistas para os quais a álgebra e a geometria vão se tornar irremediavelmente a língua através da qual o mundo se expressa.

Devemos aqui ser bem claros sobre a natureza dessa relação nascente entre matemática e física. Pois naturalmente, como já vimos várias vezes desde o início da nossa história, a matemática sempre foi usada para estudar e compreender o mundo. Mas o que ocorre no século XVII é radicalmente novo. Até então, as modelizações matemáticas permaneciam no nível de construções humanas, decalcadas no real, mas não criadas por ele. Quando os agrimensores mesopotâmicos utilizavam a geometria para medir um campo retangular, este tinha sido traçado por homens. O retângulo não pertence à natureza, se não for inserido nela pelo agricultor. Da mesma forma, quando geógrafos triangulam uma região para traçar o seu mapa, os triângulos que levam em conta são puramente artificiais.

Um desafio muito diferente é pretender matematizar o mundo que existia antes do homem. É verdade que alguns cientistas o tinham experimentado na Antiguidade. É o caso de Platão, que, como vimos, associara os cinco poliedros regulares aos quatro elementos e ao cosmo. Os próprios pitagóricos eram particularmente adeptos desse tipo de interpretação, mas devemos reconhecer que suas teorias na maior parte dos casos nada tinham de sérias. Construídas sobre considerações puramente metafísicas e nunca testadas de modo experimental, a quase totalidade delas acabou por se revelar falsa.

O que os cientistas do século XVII viriam a entender é que a própria natureza, em seu funcionamento mais íntimo, é regulada por leis matemáticas precisas suscetíveis de serem compreendidas por meio de experiências concretas. Uma das realizações mais impressionantes dessa época é sem dúvida a lei da gravitação universal, descoberta por Isaac Newton.

Em *Philosophiae naturalis principia mathematica*, ou *Princípios matemáticos de filosofia natural*, o cientista inglês é o primeiro a compreender que a queda dos corpos na Terra e a rotação dos astros no céu podem ser explicados por um único fenômeno. Todos os objetos do Universo se atraem uns aos outros. Essa força praticamente não pode ser detectada no caso de objetos pequenos, mas se torna significativa quando se trata de planetas e estrelas. A Terra atrai os objetos, e é por isso que eles caem. A Terra também atrai a Lua e, de certa maneira, a Lua também cai. Entretanto, como a Terra é redonda e a Lua se move em grande velocidade, ela constantemente cai ao lado da Terra, o que a faz girar sobre o próprio eixo. Segundo esse mesmo princípio é que os planetas giram em torno do Sol.

Newton não se limita a enunciar essa lei de atração. Ele especifica a intensidade da força com que os objetos se atraem. E a especifica por meio de uma fórmula matemática. Dois corpos quaisquer se atraem com uma força proporcional ao produto de suas massas dividido pelo quadrado de sua distância. O que, graças ao cálculo literal de Viète, é reescrito da seguinte maneira:

$$F = G \times \frac{m_1 \times m_2}{d^2}$$

Nessa fórmula, a letra F designa a intensidade da força, *m*1 e *m*2 são as respectivas massas dos dois objetos cuja atração é estudada, e *d* é a distância que os separa. O valor G, por sua vez, é uma constante fixa que vale 0,0000000000667. Seu valor extremamente baixo explica que a força seja desprezível no caso dos objetos pequenos e que sejam necessárias as massas gigantescas dos planetas e estrelas para que a gravitação se faça sentir. E é interessante notar que, toda vez que você levanta um objeto, está demonstrando que sua força muscular é maior que a força de atração da Terra inteira!

Uma vez estabelecida a fórmula, os problemas físicos se transformam em problemas matemáticos. Torna-se possível, assim, calcular as trajetórias dos objetos celestes, e em particular prever sua futura evolução! Encontrar a data do próximo eclipse é encontrar o valor da incógnita de uma equação algébrica.

Nas décadas seguintes, a fórmula de Newton levaria a numerosos êxitos. A gravitação universal permitiu afirmar que a Terra devia ser ligeiramente achatada nos polos, o que de fato foi confirmado pelos geômetras que mediram o meridiano por triangulação. Um dos sucessos mais espetaculares da teoria newtoniana, contudo, é o cálculo do retorno do cometa Halley.

Desde a Antiguidade, os cientistas tinham observado e registrado o aparecimento aleatório de cometas no céu. Para explicar o fenômeno, duas escolas se opunham. Os aristotélicos consideravam os cometas como fenômenos atmosféricos, logo, relativamente próximos da Terra, ao passo que os pitagóricos os viam como espécies de planetas, objetos muito mais distantes. Quando Newton publicou *Principia Mathematica*, a polêmica ainda não havia sido resolvida, e os cientistas das duas escolas continuavam trocando farpas sobre o assunto.

Uma das maneiras de provar que os cometas são astros distantes em órbita do Sol seria mostrar que apresentavam certa periodicidade: um objeto que gira deve voltar a passar no mesmo ponto a intervalos regulares. Infelizmente, no início do século XVIII, nenhuma regularidade desse tipo jamais pudera ser detectada. Até que, em 1707, um astrônomo britânico amigo de Newton, Edmund Halley, declarou que talvez tivesse descoberto algo.

Em 1682, Halley observara um cometa que não lhe parecera apresentar nada de extraordinário num primeiro momento. Mas no ano anterior o astrônomo estivera na França e se encontrara no Observatório de Paris com Cassini I, que lhe falara da hipótese de um retorno periódico dos cometas. Halley mergulhou então nos arquivos astronômicos, nos quais duas outras passagens de cometas acabaram por atrair sua atenção. Uma em 1531 e a outra em 1607. Os cometas de 1531, 1607 e 1682 formavam dois intervalos idênticos de 76 anos. E se fosse o mesmo? Halley resolve apostar e anuncia que o cometa estaria de volta em 1758!

Cinquenta e um anos de suspense! A espera foi insuportável, trepidante. Outros cientistas aproveitaram para aperfeiçoar a previsão de Halley. Sugeriu-se, em particular, que a atração gravitacional dos dois planetas gigantes Júpiter e Saturno poderia modificar um pouco a trajetória do cometa. Em 1757, o astrônomo Jérôme Lalande e a matemática Nicole-Reine Lepaute se debruçam nos cálculos, baseando-se num modelo desenvolvido por Alexis Clairaut a partir das equações de Newton. Os cálculos eram longos e cansativos, e os três cientistas precisariam de vários meses para finalmente prever uma passagem do cometa mais perto do Sol, em abril de 1759, com possível margem de erro de um mês.

E então o inacreditável aconteceu. O cometa compareceu ao encontro marcado e o mundo inteiro o viu descrever no céu o triunfo de Newton e Halley. Ele passou ao lado do Sol a 13 de março, no intervalo calculado por Clairaut, Lalande e Lepaute. Infelizmente, Halley não estava vivo para assistir à volta do cometa a que foi dado seu nome, mas a teoria da gravitação e, através dela, a matematicidade da física acabavam de apresentar uma prova cabal do seu incrível poder.

Ironia da história: Galileu, além de seu discurso sobre a matematicidade do mundo, sustentava em *O ensaiador* a tese dos cometas atmosféricos! Na verdade, seu livro era uma resposta ao matemático Orazio Grassi, que alguns anos antes defendera o ponto de vista oposto. A fama de Galileu e o tom fortemente polêmico do livro o transformaram num best-seller para a época, mas nem a celebridade nem o sucesso significam verdade. "E pur si muove...", teria podido responder Grassi a Galileu.

À parte o erro de Galileu, a anedota ilustra esplendidamente a robustez do processo científico que se desenvolve nessa época. As conclusões do método científico não dependem da opinião prévia do cientista que o pratica, nem mesmo sendo ele Galileu. Os fatos são teimosos. A natureza real dos cometas, como do conjunto dos objetos do mundo físico, é independente da ideia que dela fazem os homens. Na Antiguidade, quando um cientista reconhecido se enganava, muitos discípulos o seguiam sem hesitar, servindo a autoridade como argumento. Muitas vezes, vários séculos não bastavam para desqualificar uma ideia consagrada, que, no entanto, poderia ser facilmente desmentida por uma simples experiência. Pois, em sentido inverso, a identificação do erro de Galileu em algumas dezenas de anos é sinal apenas de um meio científico gozando de plena saúde!

Prever a trajetória de um cometa que já foi visto é uma coisa, calcular a de um astro sobre o qual se ignora tudo é outra completamente diferente. Entre os grandes êxitos dos matemáticos na astronomia devemos incluir também a descoberta de Netuno no século XIX. O oitavo e último planeta do sistema solar é o único que não foi descoberto pelas observações, mas pelo cálculo! Proeza que devemos ao astrônomo e matemático francês Urbain Le Verrier.

Já no fim do século XVIII, vários astrônomos tinham notado irregularidades na trajetória de Urano, na época o último planeta conhecido. Ele não seguia exatamente a trajetória prevista pela lei da gravitação universal. Só poderia haver duas explicações: ou a teoria de Newton era inválida, ou outro astro ainda desconhecido era responsável por essas perturbações. A partir da observação da trajetória de Urano, Le Verrier se lançou no cálculo da posição desse hipotético novo planeta. Precisou de dois anos de intenso trabalho para alcançar um resultado.

Até que chegou a hora da verdade. Na noite de 23 para 24 de setembro de 1846, o astrônomo alemão Johann Gottfried Galle apontou sua luneta na direção que lhe fora indicada por Le Verrier, aproximou o olho da lente e... o viu. Uma pequena mancha azulada perdida nas profundezas insuspeitas do céu noturno. Há mais de 4 bilhões de quilômetros da Terra, o planeta de fato estava lá!

Que formidável e embriagadora sensação, que impressão de potência universal, que emoção insondável não deve ter tomado conta de Urbain Le Verrier nesse dia que, com a ponta de sua pena e a força de suas equações, fora capaz de abarcar, capturar e quase controlar a dança titanesca dos planetas em torno do Sol! Por meio da matemática, os monstros celestes, outrora deuses, eram aprisionados e domados, tornados dóceis e ronronantes sob as carícias da álgebra. É fácil imaginar o estado de exaltação intensa em que a comunidade astronômica mundial mergulhou nos dias que se seguiram, emoção ainda hoje sentida por qualquer astrônomo amador que aponte sua luneta para Netuno.

A vida de uma teoria científica tem suas fases. Há inicialmente o tempo das hipóteses e hesitações, dos erros, da construção progressiva e nebulosa das ideias. Vem então o tempo da confirmação, das experiências, juízes implacáveis, que validam ou não as equações de forma definitiva. E chega afinal o momento da decolagem, da independência. O momento em que a teoria já sente confiança suficiente para ousar falar do mundo sem precisar mais olhar em seus olhos. O momento em que as equações podem anteceder a experiência e prever um fenômeno ainda não observado, imprevisto e mesmo inesperado. O momento em que a teoria passa de descoberta a descobridora, no qual se torna aliada, quase colega dos cientistas que a criaram. É quando a teoria está madura, o tempo dos cometas de Halley e de Netuno. E também o tempo dos eclipses de Einstein, como aquele que, em 29 de maio de 1919, assistiria ao triunfo da relatividade, o tempo dos bósons de Higgs descobertos em 2012 de acordo com as previsões do modelo-padrão da física das partículas, ou ainda o tempo das ondas gravitacionais detectadas pela primeira vez em 14 de setembro de 2015.

Para se tornarem maduras e conquistarem sua legitimidade, todas as grandes descobertas científicas têm uma necessidade vital de matemática, de equações algébricas e figuras geométricas. A matemática foi capaz de demonstrar sua incrível força, e hoje em dia nenhuma teoria física séria ousaria se expressar em outra linguagem.

Cristalografia

A matematicidade do mundo também é impressionante na química, onde agora vamos reencontrar velhos conhecidos. No início do século XIX, o mineralogista francês René Just Haüy constata, deixando cair um bloco de calcita, que ele se parte numa infinidade de fragmentos que apresentam todos a mesma estrutura geométrica.

Os pedaços não são aleatórios, têm faces planas formando ângulos bem precisos umas com as outras. Para que ocorra um fenômeno assim, Haüy deduz que o bloco de calcita deve ser formado por uma infinidade de elementos semelhantes que se juntam de maneira perfeitamente regular. Um sólido dotado dessa propriedade é chamado de cristal. Em outras palavras, um cristal observado em escala microscópica consiste em um padrão de vários átomos ou moléculas que se repete de maneira idêntica em todas as direções.

Um padrão que se repete? Isso lembra alguma coisa? O princípio se assemelha incrivelmente aos frisos mesopotâmicos e aos calcetamentos árabes. Um friso apresenta um padrão que se repete numa direção, e um calcetamento, em duas direções. Para estudar um cristal, portanto, é preciso retomar os mesmos princípios, só que desta vez no espaço de três dimensões. Os artesãos mesopotâmicos tinham descoberto as sete categorias de frisos, e os artistas árabes, as dezessete de calcetamentos. Graças às estruturas algébricas, agora era possível demonstrar que esses números de fato eram completos: não faltava nada. Essas mesmas estruturas algébricas permitiram estabelecer que há 230 categorias de calcetamentos em 3D. Entre as mais simples, podemos encontrar, por exemplo, os calcetamentos com cubos, com prismas hexagonais ou octaedros truncados,* representados a seguir.

---

* O octaedro é um dos cinco sólidos de Platão que já conhecemos. O octaedro truncado é obtido cortando-se as pontas do octaedro, semelhante ao método para obter-se um icosaedro truncado (ou bola de futebol).

Da esquerda para a direita: empilhamentos de cubos, de prismas hexagonais e de octaedros truncados. Essas pilhas podem ser infinitamente prolongadas no espaço.

Essas figuras se empilham e se encaixam com perfeição, sem deixar buracos, formando uma estrutura que pode se prolongar infinitamente em todas as direções. Quem teria imaginado que as reflexões geométricas dos artesãos mesopotâmicos traziam em germe as bases do que haveria de se tornar um dos componentes essenciais do estudo das propriedades da matéria?

Os cristais estão em toda parte na nossa vida cotidiana. Entre outros exemplos, podemos citar o sal de mesa, composto de uma infinidade de pequenos cristais de cloreto de sódio, ou o quartzo, cujas oscilações extremamente regulares, quando lhe é aplicada uma corrente elétrica, fazem dele um elemento indispensável dos nossos relógios. Mas devemos tomar cuidado, pois a palavra cristal às vezes é usada de maneira abusiva na linguagem corrente. Assim, os vidros de cristal não são na realidade de cristal, no sentido científico da palavra.

Se quiser admirar espécimes mais espetaculares, você sempre poderá visitar uma coleção de mineralogia. A da Universidade Pierre e Marie Curie em Paris é uma das mais belas do mundo.

Mas a fulgurante eficácia da matematicidade do mundo não responde a uma pergunta desconcertante. Como se explica que a linguagem da matemática seja tão perfeita para descrever o mundo? Para entender o que há de espantoso nisso, voltemos à fórmula de Newton.

$$F = G \times \frac{m_1 \times m_2}{d^2}$$

A intensidade da força gravitacional se expressa, assim, numa fórmula que inclui duas multiplicações, uma divisão e um quadrado. A simplicidade dessa expressão parece um inverossímil golpe de sorte! Sabemos que nem todos os números podem ser expressos em fórmulas matemáticas simples. É o caso, por exemplo, do número π e de muitos outros. Estatisticamente, inclusive, os números complicados são muito mais numerosos que os números simples. Se tomarmos qualquer um ao acaso, teremos muito mais chances de nos deparar com um número com vírgula do que com um número inteiro. Exatamente como teremos muito mais chances de nos deparar com um número com infinitas casas decimais do que com um com finitas, e muito mais chances de nos deparar com um número que não possa ser expresso em uma fórmula do que com um número calculável a partir das operações elementares.

 A fórmula de Newton é ainda mais incrível do que isso, pois a força varia segundo as massas e a distância dos objetos. Não se trata de uma simples constante, como π. E no entanto, quaisquer que sejam as massas dos dois corpos e qualquer que seja sua distância, a atração que exercem um sobre o outro sempre é medida por essa mesma fórmula! Antes que Newton estabelecesse sua lei, seria razoável supor que a intensidade da força fosse perfeitamente inexprimível por uma fórmula matemática. E ainda que ela pudesse ser expressa, caberia esperar uma fórmula complexa envolvendo operações muito mais monstruosas que multiplicações, divisões e quadrados.

Que sorte que a fórmula de Newton seja o que é! E que mistério que a natureza fale de maneira tão elegante a língua da matemática. Muitas vezes, modelos desenvolvidos pelos matemáticos exclusivamente por sua beleza vão encontrar aplicações nas ciências físicas séculos depois de serem elaborados. E esse mistério não se limita à gravitação. Os fenômenos eletromagnéticos, o funcionamento quântico das partículas elementares, a deformação relativista do espaço-tempo, todos esses fenômenos se expressam na língua matemática com espantosa concisão.

Tomemos a mais conhecida de todas as fórmulas: $E = mc^2$. Essa igualdade, estabelecida por Albert Einstein, fornece uma relação entre a massa e a energia de objetos físicos. Não vamos aqui explicar a aplicação da fórmula, não é nosso objetivo. Mas pense no seguinte: esse princípio, em geral considerado um dos mais fascinantes e profundos do funcionamento do nosso Universo, se expressa numa fórmula algébrica de apenas cinco símbolos! Não é um prodígio? Atribui-se em geral a Einstein a frase que resume o caráter estarrecedor da situação: "O que há de mais incompreensível no Universo é que ele seja compreensível." Compreensível, entenda-se, pela matemática. Em 1960, o físico Eugene Wigner falaria, por sua vez, da "absurda eficácia da matemática".

Será então que conhecemos mesmo tão bem assim esses objetos abstratos — números, figuras, sequências ou fórmulas — que julgávamos ter criado? Se a matemática de fato é produzida pelo nosso cérebro, por que a encontramos em forma de espectros errantes fora das nossas caixas cranianas? O que é que ela está fazendo no mundo físico? E será que realmente se encontra nele? Não seria o caso de considerar esses fantasmas do real uma gigantesca ilusão de ótica? Supor que os objetos matemáticos tenham alguma existência fora da mente humana seria o mesmo que lhes conferir uma realidade, embora não passem de pura abstração. O que significaria então o verbo "existir", se tivéssemos de aplicá-lo a esses objetos que nada têm de material?

Não contem comigo para sequer esboçar um início de resposta a essas perguntas.

14

O infinitamente pequeno

A estreita colaboração da matemática com as ciências físicas não seria uma via de mão única por muito tempo. A partir do século XVII, as duas disciplinas não vão parar de trocar ideias e se nutrir reciprocamente. Como a física adora fórmulas, cada nova descoberta passa então a questionar a matemática que está por trás: ela já existiria ou ainda teria de ser inventada? Na segunda eventualidade, os matemáticos são desafiados a esculpir novas teorias sob medida. E vão encontrar nas ciências físicas uma de suas mais belas musas.

O desenvolvimento da gravitação newtoniana é uma das primeiras a exigir uma matemática inovadora. Para entendê-lo, retomemos a pista do cometa Halley. Conhecer a força que o atrai para o Sol é uma coisa, mas como sua trajetória e outras informações, como sua posição em determinada data ou seu período exato de revolução, serão deduzidas a partir desse fator?

Uma das perguntas clássicas que deverão encontrar resposta é a da distância percorrida em função da velocidade. Se eu afirmar que o cometa percorre o espaço na velocidade de 2 mil metros por segundo e perguntar que distância terá percorrido em um minuto, a resposta é relativamente simples. Em um minuto, o cometa percorrerá 60 vezes 2 mil metros, ou seja, 120 mil metros, ou 120 quilômetros. O problema é que a realidade é mais complicada. A velocidade do cometa não é fixa, variando no tempo.

No seu afélio, isto é, no ponto em que se encontra mais distante do Sol, ela é de 800 metros por segundo, ao passo que no periélio, quando está mais perto do Sol, é de 50 mil metros por segundo. Uma enorme diferença!

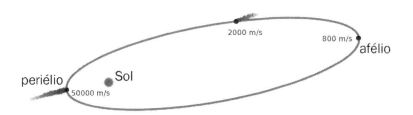

E a sutileza toda decorre do fato de que, entre esses dois extremos, o cometa progressivamente acelera, sem jamais manter velocidade fixa por um instante que seja. Há, por exemplo, um momento em que o cometa se move a 2 mil metros por segundo, mas isso não dura. Uma fração de segundo antes, sua velocidade era um pouco maior, digamos, 2.000,001, e uma fração de segundo depois já passou a 1.999,999. Impossível estabelecer o menor intervalo de tempo, ainda que minúsculo, no qual o cometa mantenha uma velocidade constante! Em tais condições, como calcular com precisão a distância percorrida?

Para responder a essa pergunta, os matemáticos voltariam a um método que se assemelha estranhamente ao usado 2 mil anos antes por Arquimedes para calcular o número π. Assim como o cientista de Siracusa se aproximara do círculo por meio de polígonos com um número cada vez maior de lados, é possível aproximar-se da trajetória considerando que o cometa passa por platôs de velocidade a intervalos cada vez mais curtos. Podemos supor, por exemplo, que o cometa mantenha uma velocidade fixa de 800 metros por segundo durante certo tempo, e de repente passe brutalmente a 900 metros por segundo durante certo tempo, e assim sucessivamente. A trajetória assim calculada não será exata, mas pode ser considerada uma aproximação. E para aumentar a precisão, basta reduzir os platôs. Em vez de considerar platôs de 100 metros por segundo, é possível diminuir em intervalos de 10, 1 ou mesmo 0,1 metro por segundo. Quanto mais reduzidos forem os intervalos de velocidade, mais próximo o resultado será da trajetória real do cometa!

As sucessivas aproximações obtidas pela distância percorrida entre afélio e periélio formam então uma sequência que poderia ser mais ou menos assim:

$$47 \quad 42 \quad 40 \quad 39 \quad 38,6 \quad 38,52 \quad 38,46 \quad 38,453...$$

Esses números são dados em unidades astronômicas.* Em outras palavras, se considerarmos que a velocidade do cometa permanece fixa por platôs de 100 metros por segundo, temos que a distância entre o afélio e o periélio é igual a 47 unidades astronômicas. Ainda é apenas uma aproximação grosseira. Se refinarmos a contagem, considerando platôs de 10 metros por segundo, temos que essa mesma distância é de 42 unidades astronômicas. Diminuindo cada vez mais as velocidades, constatamos claramente que essas extensões se aproximam cada vez mais de um valor-limite em torno de 38,45. Este valor-limite corresponde então à distância real percorrida pelo cometa entre os dois pontos extremos de sua trajetória.

De certa maneira, podemos nos aventurar a dizer que esse resultado-limite corresponde ao resultado obtido dividindo a trajetória do cometa numa infinidade de intervalos infinitamente curtos. Da mesma maneira, o método de Arquimedes para calcular π redundava em afirmar que um círculo é um polígono com uma infinidade de lados infinitamente pequenos! Todo o problema dessas duas afirmações se encontra no conceito de infinito. Como sabemos desde Zenão, o infinito é um conceito ambíguo e subversivo cujo manuseio nos leva em perigoso equilíbrio à beira do abismo dos paradoxos.

---

* A unidade astronômica corresponde à distância Terra-Sol, medindo aproximadamente 150 milhões de quilômetros.

Duas alternativas se apresentam então: ou bem recusar categoricamente toda intervenção do infinito, reduzindo-se assim a estudar laboriosamente os problemas da física newtoniana por limites de sequências de aproximações, ou então munir-se de coragem e penetrar com prudência no pântano das subdivisões infinitamente finas. Essa segunda alternativa é que seria escolhida por Newton em *Principia Mathematica*. Logo depois, ele seria seguido pelo matemático alemão Gottfried Wilhelm Leibniz, que descobriu por conta própria os mesmos conceitos, desenvolvendo com mais precisão certas noções que permaneciam vagas para Newton. Dessas explorações surgiria um novo ramo da matemática, que recebeu o nome de cálculo infinitesimal.

A questão da paternidade do cálculo infinitesimal foi longamente debatida nos anos seguintes. Se de fato foi o primeiro a se lançar nessa trilha, já em 1669, Newton demorou a publicar seus resultados, e Leibniz levou a melhor por pouco ao publicar seus trabalhos em 1684, três anos antes de *Principia Mathematica*. Essa sobreposição de datas acabaria gerando viva controvérsia entre o inglês e o alemão, cada um deles atribuindo a si a invenção da teoria e chegando a acusarem-se mutuamente de plágio. Mas hoje parece claro que os dois cientistas não tiveram conhecimento mútuo dos respectivos trabalhos e de fato inventaram o cálculo infinitesimal de maneira independente um do outro.

Como acontece com frequência com as premissas de uma teoria, nem tudo é perfeito desde o início. Muitos pontos ainda carecem de rigor e de justificações nos trabalhos de Newton e Leibniz. Mais ou menos como ocorrera com os números imaginários, constata-se que certos métodos funcionam e outros não, embora não se possa explicar muito bem por quê.

O objeto do cálculo infinitesimal passa a ser então mapear esse território ainda desconhecido, balizando os pontos de passagem autorizados e aqueles que, pelo contrário, conduzem a impasses e paradoxos. Em 1748, a matemática italiana Maria Gaetana Agnesi publica *Instituzione*

O INFINITAMENTE PEQUENO

Analitiche, ou *Instituições analíticas*, fazendo um primeiro balanço completo da situação da jovem disciplina. Um século depois, cabe ao alemão Bernhard Riemann efetuar os últimos trabalhos que permitem explorar o terreno sem perigo.

A partir daí, os matemáticos passam a usar plenamente o cálculo infinitesimal e começam a apresentar uma infinidade de questões, a mil léguas das aplicações físicas iniciais. Pois a teoria, longe de ser uma simples ferramenta, se revelou apaixonante em sua exploração e maravilhosamente bela. E como a ciência é uma interminável partida de pingue-pongue, esses novos desdobramentos aos poucos salpicariam novas aplicações em outros campos que não o da astronomia.

Os infinitesimais seriam empregados em todos os problemas que, como a trajetória do cometa, envolvem grandezas que variam continuamente. Em meteorologia, para modelar e prever a evolução da temperatura ou da pressão atmosférica. Em oceanografia, para seguir as correntes marítimas. Em aerodinâmica, para controlar a penetração no ar da asa de um avião ou de diferentes artefatos espaciais. Em geologia, para acompanhar a evolução do manto terrestre e estudar vulcões, terremotos ou, a longo prazo, a deriva dos continentes.

Ao longo de suas explorações, os matemáticos descobririam no mundo infinitesimal uma vastidão de resultados estranhos, alguns dos quais os mergulhariam em intensa perplexidade.

Uma das primeiras ideias que podemos ter ao tentar definir um intervalo infinitamente pequeno é recorrer a pontos. O próprio Euclides o havia especificado: um ponto é o menor elemento geométrico. De comprimento igual a 0, ele de fato é infinitamente pequeno. Infelizmente, essa ideia, demasiado simples para funcionar, daria em nada. Para entender por que, vejamos este segmento de reta medindo uma unidade de comprimento.

1

O segmento é formado por uma infinidade de pontos, tendo cada um comprimento igual a 0. Parece possível, assim, dizer que o comprimento do intervalo é igual a uma infinidade de vezes 0! O que, em linguagem algébrica, escreve-se da seguinte maneira: $\infty \times 0 = 1$, sendo ∞ o símbolo do infinito. O problema dessa conclusão é que, se considerarmos agora um intervalo de comprimento 2, ele também é composto de uma infinidade de pontos, o que dá, desta vez, $\infty \times 0 = 2$. Como é que o mesmo cálculo pode ter dois resultados diferentes? Efetuando variações no comprimento do intervalo, podemos igualmente obter que $\infty \times 0$ vale 3, 1.000 ou até π.

Dessa experiência devemos tirar uma conclusão: os conceitos de zero e infinito empregados nesse contexto não estão bem definidos para o uso que queremos fazer. Um cálculo, como por exemplo $\infty \times 0$, cujo resultado varie segundo sua interpretação chama-se forma indeterminada. Impossível utilizar essas formas em cálculos algébricos sem imediatamente perceber os paradoxos se multiplicando aos milhares! Se considerássemos válida a multiplicação $\infty \times 0$, teríamos de aceitar que 1 seja igual a 2 e outras aberrações do gênero. Em suma, temos de encontrar outro caminho.

Segunda tentativa: já que um intervalo infinitesimal não pode ser um ponto sozinho, pode então ser um segmento delimitado por dois pontos diferentes, mas infinitamente próximos. A ideia é sedutora, mas uma vez mais damos com os burros n'água, pois esses pontos não existem. A distância entre dois pontos pode ser tão pequena quanto se quiser, mas sempre terá um comprimento positivo. Um centímetro, um milímetro, um bilionésimo de milímetro ou ainda menos, se assim desejarem: são comprimentos muito pequenos, é verdade, mas de modo algum infinitesimais. Em outras palavras, dois pontos distintos nunca se tocam.

Existe algo extremamente desconcertante nesse enunciado. Quando traçamos uma linha contínua, como um segmento, ela não apresenta buracos e, no entanto, os pontos que a compõem não se tocam! Nenhum ponto tem contato direto com outro. A ausência de vazios na linha deve-se unicamente ao acúmulo infinito de pontos infinitamente pequenos. E se interpretarmos os pontos da reta pela sua coordenada, o mesmo fenômeno pode se traduzir em termos algébricos: dois números diferentes nunca se sucedem diretamente, há sempre uma infinidade de outros números que se interpõem. Entre os números 1 e 2 temos 1,5. Entre os números 1 e 1,1 temos 1,05. E entre os números 1 e 1,0001 temos 1,00005. Poderíamos continuar assim por muito tempo. O número 1, como todos os outros, não tem sucessor imediato em contato direto com ele. E, no entanto, os números se agregam infinitamente em torno dele, garantindo a perfeita continuidade de sua longa sucessão.

Depois dessas duas tentativas infrutíferas, temos de reconhecer que os números clássicos, tal como definidos até então, não têm a capacidade de gerar quantidades infinitamente pequenas. Essas criaturas inapreensíveis, que, sem chegar a valer zero, ainda assim são menores que todos os números positivos, precisarão, portanto, ser geradas do nada! Foi o que fizeram Leibniz e os cientistas que seguiram seus passos na construção do cálculo infinitesimal. Durante três séculos, eles se empenharam em definir as regras de cálculo que se aplicam a essas novas quantidades e delimitar seu campo de ação. Assim foi que produziram, entre os séculos XVII e XX, todo um arsenal de teoremas que permitem responder com grande eficácia aos problemas colocados pelos infinitesimais.

 Números que não são realmente números, mas apesar disso são usados como intermediários de cálculo? Essa situação já começa a se tornar conhecida. Os negativos e os imaginários também têm a ver com isso. Como sempre, contudo, o processo de assimilação é longo, sendo difícil prever o resultado. Na década de 1960, o matemático americano Abraham

Robinson iniciou um novo modelo, batizado de análise não padronizada, que integra os infinitesimais como números de pleno direito. Entretanto, ao contrário do que acontece com os imaginários, as quantidades infinitesimais ainda não assumiram realmente, no início do século XXI, a condição de verdadeiros números. O modelo não padronizado de Robinson permaneceu marginal e pouco utilizado.

Talvez ainda sejam necessárias descobertas, desdobramentos, teoremas marcantes, para que a teoria não padronizada se imponha como incontornável. Talvez, pelo contrário, nunca venha a ter o potencial para se tornar o modelo dominante, e nesse caso os infinitesimais jamais ficarão em pé de igualdade com seus ilustres antecessores, negativos e imaginários. A análise não padronizada é bela, reconheçamos, mas talvez não o suficiente, e com pouquíssimos benefícios para despertar entusiasmo geral. Com apenas algumas dezenas de anos de vida, o modelo de Robinson ainda é muito jovem, cabendo aos matemáticos do futuro decidir o seu destino.

Entre os desdobramentos mais fecundos do cálculo infinitesimal, a teoria da medida concebida no início do século XX pelo francês Henri-Léon Lebesgue é um dos ramos mais curiosos. A questão colocada é a seguinte: seria possível, graças aos infinitesimais, conceber e medir novas figuras geométricas inacessíveis à régua e ao compasso? A resposta é sim, e essas figuras inéditas em poucos anos descartariam brutalmente até as leis mais intuitivas da geometria clássica.

Tomemos por exemplo um segmento numerado de 0 a 10.

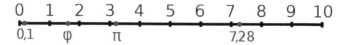

O INFINITAMENTE PEQUENO

À maneira de Descartes, essa escala permite associar cada ponto do segmento a um número compreendido entre 0 e 10. Nesse segmento, podemos então distinguir os pontos que correspondem a números decimais finitos (por exemplo 0,1 ou 7,28) e os que têm uma infinidade de algarismos depois da vírgula (como π ou o número de ouro φ). O que acontece, então, se dividirmos nosso segmento por esse critério? Em outras palavras, se colorirmos os pontos da primeira categoria em escuro e os outros em claro, que aparência terão as duas figuras geométricas assim representadas, a escura e a clara?

Não é fácil responder a essa pergunta, pois essas duas categorias de números se confundem infinitamente. Se tomarmos um intervalo de números, por menor que seja, ele sempre terá ao mesmo tempo pontos escuros e pontos claros. Entre dois pontos claros, haverá sempre pelo menos um ponto escuro, e entre dois pontos escuros, sempre há pelo menos um ponto claro. As duas figuras se assemelham, assim, a linhas de poeira infinitamente finas que se misturam perfeitamente uma com a outra.

O segmento [0,10] é dividido em duas partes: à esquerda os números decimais finitos, e à direita os números decimais infinitos.

A representação acima, naturalmente, é falsa. Não passa de uma visualização grosseira, pois os detalhes nela visíveis são desenhados muito pequenos, mas não são realmente infinitesimais. É impossível desenhar concretamente essas figuras, que só podem ser bem apreendidas pela álgebra e pelo raciocínio.

Vem então a pergunta: quanto medem essas figuras? Como o segmento inicial tem comprimento igual a 10, as duas figuras deveriam conservar o mesmo comprimento, mas como se faz a divisão? Acaso terão o mesmo tamanho de 5 cada uma, ou uma delas é mais longa que a outra? A resposta descoberta pelos matemáticos que se debruçaram sobre o problema é surpreendente. Absolutamente todo o comprimento é monopolizado pela figura composta de números decimais infinitos. A figura clara mede 10, e a figura escura, 0. Embora os dois conjuntos pareçam iguais em sua sobreposição, há um número infinitamente maior de pontos claros do que de pontos escuros!

Com as coordenadas de Descartes, esses tipos de figuras poeirentas podem ser generalizados para áreas e volumes. Podemos por exemplo considerar o conjunto de pontos de um quadrado cujas duas coordenadas sejam decimais infinitos.

Mais uma vez, não passa de uma representação grosseira que dá apenas uma vaga ideia da precisão infinita dos detalhes.

A medida das poeirentas levará a um dos resultados mais incríveis da matemática. Pois, apesar dos esforços dos matemáticos que se debruçaram sobre o problema, algumas dessas figuras são impossíveis de medir. Essa impossibilidade foi demonstrada em 1924 por Stefan Banach e Alfred Tarski, que descobriram um contraexemplo do princípio do quebra-cabeça.

Eles descobriram uma maneira de cortar uma bola em cinco partes, de tal modo que os pedaços, quando juntados de novo, permitem construir duas bolas rigorosamente idênticas à primeira, sem nenhuma brecha!

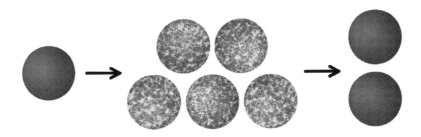

As cinco figuras intermediárias por eles usadas são precisamente figuras poeirentas de partições infinitesimais. Se as peças do quebra-cabeça de Banach-Tarski pudessem ser medidas, a soma de seus volumes seria igual, ao mesmo tempo, ao volume da bola inicial e ao volume das duas bolas depois formadas. Como isso é impossível, uma única conclusão se impõe: o próprio conceito de volume não faz sentido no caso dessas figuras.

Na verdade, o resultado de Banach e Tarski é muito mais amplo, pois afirma que se tomarmos duas figuras geométricas clássicas em três dimensões, sempre será possível dividir a primeira num certo número de peças poeirentas que permitam reconstituir a segunda. É possível, por exemplo, dividir uma bola do tamanho de uma ervilha em vários pedaços e, com esses pedaços, reconstituir uma bola do tamanho do Sol, sem nenhuma brecha interna! Essa partição muitas vezes é equivocadamente chamada de paradoxo de Banach-Tarski, por causa de seu aspecto bastante contraintuitivo. Mas não se trata de um paradoxo, e sim de um teorema tornado possível pelas figuras poeirentas, sem que o raciocínio sofra contradição alguma!

É claro que a natureza infinitesimal dessas partições os torna perfeitamente inviáveis, em termos concretos. As figuras poeirentas continuam guardadas até hoje no armário das curiosidades matemáticas, sem aplicações físicas. Quem sabe um dia não saiam de lá encontrando utilizações inesperadas?

15
Medir o futuro

Marselha, 8 de junho de 2012.

Esta manhã, levantei com o alvorecer. Meio nervoso, mas ardendo de impaciência, engoli rapidamente o café da manhã, vesti minha camisa mais bonita* e saí. Lá fora, o sol brilha no céu da Provença e o frescor da noite rapidamente se evapora. O dia promete ser quente. No Vieux-Port, o mercado de peixes vai sendo instalado, enquanto alguns turistas matinais já perambulam pela Canebière.

Mas hoje não tenho tempo para flanar. Entro no metrô e tomo a direção do bairro de Château-Gombert, no norte da cidade. É lá que fica o CMI, o Centro de Matemática e Informática, onde trabalho há quatro anos. Uma centena de matemáticos trabalha no local todos os dias. Ao chegar a meu escritório, verifico meu material uma última vez. Três grandes recipientes em forma de meia esfera cheios de bolas multicoloridas e, ao lado, uma pilha de fotocópias em cuja capa se lê:

---

* A única, na verdade.

> Urnas Interagentes
> TESE
> apresentada para obtenção do grau de doutor,
> especialidade matemática,
> por Mickaël Launay,
> sob a orientação de Vlada Limic.

Hoje é meu último dia no CMI. Esta tarde, às duas horas, vou defender minha tese de doutorado.

Os anos de tese são um período atípico na vida de um cientista. Oficialmente ainda estudantes, os doutorandos na verdade não seguem mais nenhum curso nem fazem provas trimestrais. Na realidade, nossa rotina muito mais se parece com a dos pesquisadores de pleno direito. Ler os artigos recentes, discutir com outros matemáticos, participar de seminários e então se esforçar pelo progresso do seu campo, por emitir conjecturas, moldar novos teoremas, demonstrá-los e redigi-los. Tudo sob o controle de um matemático experiente, incumbido de orientar nossos primeiros passos no mundo da pesquisa e nos ensinar os segredos da profissão. Minha orientadora de tese é a matemática franco-croata Vlada Limic, especialista no tema sobre o qual realizei minhas pesquisas nesses quatro anos. Seus trabalhos e os meus se inserem no contexto de um ramo da matemática que surgiu no século XVII: as probabilidades.

Para entender o que está em jogo nessa disciplina, precisamos mergulhar de novo nas profundezas da História. Pois então, enquanto o relógio não marca duas da tarde, vamos sair de novo do CMI por algum tempo, para que eu possa conduzi-los pelos caminhos aventurosos do aleatório.

MEDIR O FUTURO

Não é de hoje que o acaso é objeto de fascínio. Desde a pré-história, os seres humanos observaram a infinidade de fenômenos sem explicação, irregulares, sem causas aparentes, que lhe eram oferecidos pela natureza. Numa primeira etapa, a culpa era atribuída aos deuses. Eclipses, arco-íris, terremotos, epidemias, cometas ou enchentes excepcionais dos rios eram manifestações interpretadas como mensagens divinas endereçadas a quem fosse capaz de decifrá-las. Da missão foram incumbidos feiticeiros, oráculos, sacerdotes e xamãs que, diante da necessidade de ganhar a vida, aproveitaram para desenvolver todo um repertório de rituais destinados a interrogar os deuses, para não precisar esperar que eles se prestassem a se manifestar por livre e espontânea vontade. Em outras palavras, os homens começaram a imaginar meios de criar o aleatório de acordo com a demanda.

A belomancia, arte da adivinhação pelas flechas, é um dos exemplos mais antigos. Inscreva em flechas as diferentes alternativas do questionário endereçado ao seu deus, junte-as na aljava, sacuda e tire uma ao acaso: aí está sua resposta. Era assim, por exemplo, que Nabucodonosor II, rei da Babilônia, escolhia os inimigos aos quais declarava guerra, no século VI antes da nossa era. Além das flechas, os objetos tirados podiam assumir diferentes formas: seixos, tabuletas, bastões ou bolas coloridas. Os romanos deram a esses objetos o nome de "sors". Dessa palavra vem a nossa expressão "sortear", assim como o termo "sortilégio", que designa originalmente o adivinho que interroga os deuses ou o veredito do próprio deus.

Aos poucos, os mecanismos de extração aleatória se multiplicam, encontrando numerosas aplicações. Eles seriam utilizados por vários sistemas políticos, como, por exemplo, em Atenas, para designar os quinhentos cidadãos que tinham assento na Bulé, ou, alguns séculos depois, em Veneza, nos processos de escolha do doge. O acaso também se revelaria importante fonte de inspiração para os criadores de jogos. É a invenção do cara ou coroa, dos dados numerados, que viriam a assumir as formas dos sólidos de Platão, ou ainda dos jogos de cartas.

Justamente por meio dos jogos de azar é que as decisões dos deuses acabariam atraindo a atenção de alguns matemáticos. Eles teriam a estranha ideia de bancar medidores do destino, estudando por meio da lógica e do cálculo as propriedades do futuro, antes da sua chegada.

Tudo tem início em meados do século XVII, durante uma reunião da Academia Parisiense, ancestral da Academia de Ciências, fundada em 1635 pelo matemático e filósofo Marin Mersenne. Durante um debate entre cientistas de diversos horizontes, o escritor Antoine Gombaud, amante da matemática nas horas vagas, apresenta à assembleia um problema que havia encontrado. Suponham, diz ele, que dois jogadores tenham apostado uma soma em dinheiro num jogo de azar a ser dado por encerrado quando um dos jogadores vencer três vezes, mas que a partida seja interrompida quando o primeiro jogador estiver vencendo por duas rodadas a uma. Como os dois jogadores terão de dividir a aposta?

Entre os cientistas presentes nesse dia, o problema atrai particularmente a atenção de dois franceses: Pierre de Fermat e Blaise Pascal. Depois de algumas trocas epistolares, os dois acabam concluindo que três quartos da aposta devem ser atribuídos ao primeiro jogador, e o quarto restante, ao segundo.

Para chegar a essa resposta, os dois cientistas relacionaram todas as hipóteses que poderiam ocorrer se a partida fosse concluída, avaliando, ao mesmo tempo, as chances de cada uma delas de fato ocorrer. Assim, na hipotética rodada seguinte, o primeiro jogador teria tido 50% de chances de ganhar a partida, ao passo que o segundo jogador teria 50% de chances de empatar. Nesta segunda eventualidade, uma nova rodada teria sido jogada com iguais chances de vitória para cada um dos dois jogadores, o que resulta, portanto, em duas hipóteses, cada uma delas com 25% de chances de ocorrer. Esse raciocínio pode ser traduzido no gráfico abaixo, resumindo os possíveis resultados da partida.

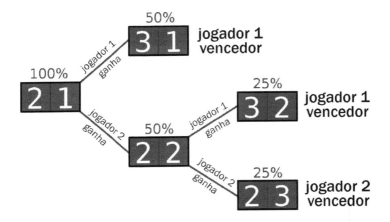

Em suma, constatamos que 75% dos futuros levam à vitória do primeiro jogador, ao passo que apenas 25% representam uma vitória do segundo. A conclusão de Pascal e Fermat leva, portanto, à partilha do dinheiro em função dessas mesmas proporções: é justo que o primeiro jogador fique com 75% da aposta e o segundo, com os 25% restantes.

O raciocínio dos dois cientistas franceses se revelaria particularmente fecundo. A maioria dos jogos de azar pode ser objeto desse tipo de exame. O matemático suíço Jacques Bernoulli foi um dos primeiros a seguir seus passos, escrevendo no fim do século XVII um trabalho intitulado *Ars Conjectandi*, ou *A arte de conjecturar*, que só seria publicado em 1713, após sua morte. Nesse livro, ele retoma a análise dos jogos de azar clássicos e enuncia pela primeira vez um dos princípios fundamentais da teoria das probabilidades: a lei dos grandes números.

Essa lei afirma que, quanto mais repetimos uma experiência aleatória, mais a média dos resultados torna-se previsível, aproximando-se de um valor-limite. Em outras palavras, a longo prazo, até o acaso mais completo acaba dando origem a comportamentos médios que nada mais têm de aleatório.

Para entender esse fenômeno, nem é preciso ir muito longe. O simples estudo de um jogo de cara ou coroa permite assistir à manifestação da lei dos grandes números. Se jogarmos uma moeda, cada um dos dois lados tem 50% de chances de cair voltado para cima, o que pode ser representado no seguinte histograma.

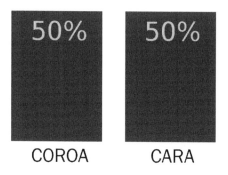

Imaginemos agora que alguém jogue uma moeda duas vezes seguidas, contando o número total de caras e coroas. Nesse caso existem três possibilidades: duas caras, duas coroas, ou uma cara e uma coroa. Seria tentador supor que essas três eventualidades ocorrem em proporções iguais, mas não é o caso. Na realidade, existe 50% de chances de obter uma cara ou uma coroa, ao passo que as probabilidades de duas caras ou duas coroas são cada uma de 25%.

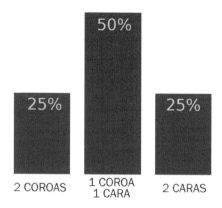

Esse desequilíbrio é provocado pelo fato de que dois lances diferentes podem dar o mesmo resultado final. Quando lançamos duas vezes a moeda, existem na realidade quatro hipóteses possíveis: cara-cara, cara-coroa, coroa-cara e coroa-coroa. As hipóteses cara-coroa e coroa-cara dão o mesmo resultado final de uma cara e uma coroa, o que explica que essa eventualidade seja duas vezes mais provável. Da mesma forma, os jogadores sabem perfeitamente que, quando são lançados dois dados, sua soma tem mais chances de ser igual a 7 do que igual a 12, pois há várias maneiras de obter 7 (1 + 6; 2 + 5; 3 + 4; 4 + 3; 5 + 2 e 6 + 1), ao passo que só há uma de obter 12 (6 + 6).

Quanto maior o número de lances, mais se acentua o fenômeno. As hipóteses que se afastam da média se tornam aos poucos ultraminoritárias frente às hipóteses médias. Se jogarmos uma moeda dez vezes seguidas, haverá aproximadamente 66% de chance de obter entre quatro e seis caras. Se jogarmos essa mesma moeda cem vezes, teremos 96% de chance de obter entre 40 e 60 caras. E se a lançarmos mil vezes, teremos 99,99999998% de chance de obter entre 400 e 600 caras.

Se traçarmos os histogramas correspondendo a 10, 100 e 1.000 lances, verificaremos que, aos poucos, a grande maioria de futuros possíveis se restringe em torno do eixo central, de tal maneira que os retângulos correspondendo a situações extremas se tornam invisíveis a olho nu.

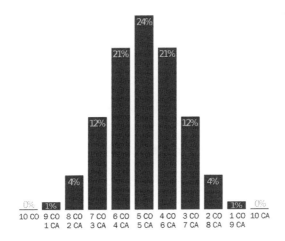

Histograma de probabilidade de hipóteses possíveis no lançamento de 10 moedas

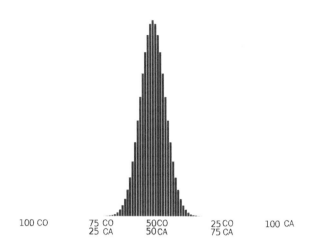

*Histograma de probabilidade de hipóteses
possíveis no lançamento de 100 moedas*

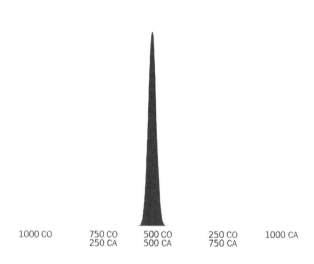

*Histograma de probabilidade de hipóteses
possíveis no lançamento de 1.000 moedas*

Resumindo, eis o que afirma a lei dos grandes números: ao se repetir indefinidamente uma experiência aleatória, a média dos resultados obtidos vai se aproximar inevitavelmente de um valor-limite que nada mais tem de aleatório.

Esse princípio está na base do funcionamento das pesquisas e estatísticas. Numa população, tomemos 1.000 pessoas e lhes perguntemos se preferem chocolate amargo ou chocolate ao leite. Se 600 responderem amargo e 400 responderem ao leite, há uma grande chance de que na população inteira, mesmo que seja formada por milhões de indivíduos, a proporção seja igualmente próxima de 60% preferindo o amargo e 40% preferindo ao leite. Fazer perguntas sobre o gosto pessoal a uma pessoa escolhida ao acaso pode ser considerado uma experiência aleatória, da mesma forma que jogar uma moeda para o alto. As alternativas cara e coroa simplesmente são substituídas por amargo e ao leite.

Naturalmente, teria sido possível dar azar e encontrar mil pessoas preferindo todas elas o chocolate amargo ou o chocolate ao leite. Mas essas hipóteses extremas têm uma chance absolutamente ínfima de ocorrer, e a lei dos grandes números nos garante que, entrevistando uma amostragem suficientemente grande, a média alcançada tem fortíssimas chances de ser próxima da média da população inteira.

Levando ainda mais longe a decifração das múltiplas hipóteses e de suas chances de ocorrer, também é possível estabelecer um intervalo de confiança e estimar a margem de erro. Poderemos dizer, por exemplo, que há 95% de chance de que a proporção da população que prefere chocolate amargo esteja compreendida entre 57% e 63%. E por sinal, toda pesquisa realizada de maneira honesta deveria ser acompanhada desses números, indicando sua precisão e confiabilidade.

O triângulo de Pascal

Em 1654, Blaise Pascal publica uma obra intitulada *Tratado do triângulo aritmético*. Nela, descreve um triângulo formado por círculos no interior dos quais são inscritos números.

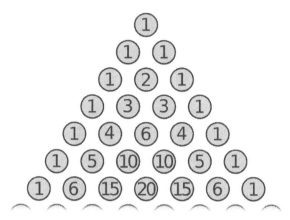

Só as sete primeiras linhas são representadas aqui, mas o triângulo pode se prolongar ao infinito. Os números no interior dos círculos são determinados por duas regras. Em primeiro lugar, os círculos das extremidades contêm apenas o número 1. Em segundo lugar, os círculos internos contêm a soma dos dois círculos que se encontram imediatamente acima deles. Por exemplo, o número 6 que se encontra na quinta linha é igual à soma dos dois 3 que se encontram acima dele.

Na verdade, esse triângulo já era conhecido muito antes de Pascal se interessar por ele. Os matemáticos persas al-Karaji e Omar Khayyam já o mencionavam no século XI. Na mesma época, ele foi estudado na China por Jia Xian, cujos trabalhos seriam prolongados no século XIII por Yang Hui. Na Europa, Tartaglia e Viète também tinham conhecimento dele.

Mas Blaise Pascal é de fato o primeiro a lhe dedicar um tratado tão detalhado e completo. E também o primeiro a descobrir a existência de um estreito vínculo entre o triângulo e a contagem dos futuros em probabilidade. Com efeito, cada linha do triângulo de Pascal permite enumerar as hipóteses possíveis de uma sucessão de acontecimentos de dois resultados, como o cara ou coroa. Se jogarmos uma moeda três vezes seguidas, haverá oito futuros possíveis: cara-cara-cara, cara-cara-coroa, cara-coroa-cara, cara-coroa-coroa, coroa-cara--cara, coroa-cara-coroa, coroa-coroa-cara e coroa-coroa-coroa. Fazendo o balanço, percebemos que desses oito futuros:

- 1 hipótese dá três caras;
- 3 hipóteses dão duas caras e uma coroa;
- 3 hipóteses dão uma cara e duas coroas;
- 1 hipótese dá três coroas.

Ora, esta sequência de números, 1-3-3-1, corresponde exatamente à quarta linha do triângulo. Não é mero acaso, e foi o que Pascal conseguiu demonstrar.

Observando a sexta linha, por exemplo, é possível ver que, jogando cinco vezes uma moeda, existem dez hipóteses que resultam em duas caras e três coroas. Indo mais longe no triângulo, torna-se possível enumerar facilmente as hipóteses que resultam de dez lances de uma moeda: elas estão inscritas na décima primeira linha. Cem lances serão dados pela 101ª linha, e assim sucessivamente. E por sinal foi graças ao triângulo de Pascal que os histogramas apresentados anteriormente puderam ser traçados com facilidade. Sem isso, o número de futuros se torna tão prodigiosamente grande que logo fica impossível relacioná-los um a um.

Além das probabilidades, o triângulo de Pascal também revelaria muitos vínculos com outros terrenos da matemática. Os números neles encontrados são de grande utilidade, por exemplo, nas manipulações algébricas que permitem resolver certas equações. Também podemos encontrar em seus círculos várias sequências de números muito conhecidas, como os números triangulares (1, 3, 6, 10...), em uma de suas diagonais, ou a sequência de Fibonacci (1, 1, 2, 3, 5, 8...), fazendo a soma dos termos ao longo das diagonais.

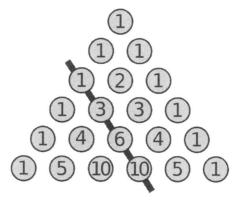

A sequência de números triangulares no triângulo de Pascal

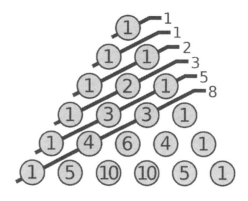

A sequência de Fibonacci no triângulo de Pascal

Nos séculos subsequentes, a teoria das probabilidades desenvolveu ferramentas cada vez mais refinadas e poderosas para analisar o conjunto dos futuros possíveis. Logo viria a se estabelecer uma estreita e fecunda colaboração com o cálculo infinitesimal. Muitos fenômenos aleatórios, com efeito, geram futuros que podem sofrer variações infinitamente pequenas. Num modelo meteorológico, por exemplo, a temperatura varia de forma contínua. Assim como um segmento tem comprimento, mas os pontos que o compõem não têm, certos acontecimentos podem ocorrer apesar de cada um dos futuros que os compõem não ter a menor chance de acontecer individualmente. A probabilidade de que, dentro de uma semana, a temperatura seja exatamente 23,41 graus ou qualquer outro valor preciso é igual a zero. Mas a probabilidade global de que a temperatura esteja compreendida entre 0º e 40º é de fato positiva!

Outra questão da teoria das probabilidades foi entender o comportamento de sistemas aleatórios capazes de se modificar. Uma moeda continua sempre a mesma, seja atirada para o alto uma ou mil vezes, mas muitas situações reais não são assim tão simples. Em 1930, o matemático húngaro George Pólya publicou um artigo em que procurava entender a propagação de uma epidemia numa população. A sutileza desse modelo decorre do fato de que uma epidemia se propaga mais rapidamente quando grande número de pessoas já foi atingido.

Se houver muitos doentes no seu meio, você terá mais chances de também cair doente. E se cair doente, você é que estará aumentando os riscos para as pessoas que o cercam. Em suma, o processo se autoalimenta, e as probabilidades estão em constante evolução. É o que se chama de acaso reforçado.

Os processos aleatórios reforçados conheceriam posteriormente numerosas variantes e múltiplas aplicações. Uma das mais férteis foi sua utilização em dinâmica das populações. Tome-se uma população animal que se deseje acompanhar na evolução dos seus caracteres biológicos ou genéticos ao longo das gerações. Imaginemos, por exemplo, que 60% de seus indivíduos tenham olhos negros e 40%, olhos azuis. A evolução da cor dos olhos nessa população tem, portanto, uma dinâmica semelhante à propagação de uma epidemia: quanto mais indivíduos houver com determinada cor, mais essa cor tem chances de aparecer de novo, logo, de aumentar sua proporção. O processo se autoalimenta.

Assim, o estudo do modelo de Pólya permite avaliar as probabilidades de evolução dos diferentes caracteres biológicos das espécies. Alguns podem acabar desaparecendo. Outros, pelo contrário, podem se impor no conjunto da população. Outros ainda se estabilizam em um equilíbrio intermediário, sofrendo apenas pequenas variações ao longo das gerações. Não se pode saber antecipadamente qual dessas hipóteses vai se concretizar, mas, como no caso do jogo de cara ou coroa, as probabilidades permitem identificar futuros majoritários e prever as evoluções mais prováveis a longo prazo.

Quando George Pólya morreu, em 1985, eu tinha apenas 1 ano. Posso então dizer que fui contemporâneo, durante alguns meses, daquele que deu início à teoria com a qual eu viria a trabalhar e descobrir vários teoremas.

Sem entrar muito em detalhes, meus resultados dizem respeito à evolução de vários processos aleatórios reforçados que interagem de forma ocasional. Imagine, por exemplo, vários rebanhos de uma mesma espécie vivendo separadamente num mesmo território, mas permitindo de vez em quando a migração de alguns indivíduos de um grupo a outro. Que futuros são possíveis e como calcular suas probabilidades? São questões às quais minhas pesquisas acabaram fornecendo elementos de resposta.

Claro que meus teoremas são modestos, e não deixa de ser audacioso mencioná-los nesta grande história formada por tantos nomes de peso. Embora eu considere ter sido, nos meus quatro anos de tese, um pesquisador honesto, fazendo corretamente meu trabalho, o fato é que minhas descobertas têm importância bem irrisória em comparação com as de tantos outros matemáticos muito mais brilhantes que eu. Mas elas foram suficientes para convencer a banca à qual as apresentei durante uma hora, nesse dia 8 de junho de 2012, a me conceder o título de doutor.

É realmente emocionante entrar, por meio dessa cerimônia, na corrente de uma história com tanto prestígio. A palavra doutor vem do latim *docere*, que significa "ensinar". O doutor é, portanto, aquele que adquiriu suficiente domínio do seu campo para, por sua vez, vir a transmiti-lo. Desde o fim da Idade Média, as universidades, herdeiras modernas do Mouseion de Alexandria e do Bayt al-Hikma de Bagdá, concedem o doutorado e oferecem à pesquisa e ao ensino científico um contexto institucional estável e perene.

Desde então, as ciências encetaram um movimento no qual, século após século, pesquisadores, professores e alunos se sucedem em um desenrolar quase permanente de gerações. O divertido é que, com esse funcionamento, é possível remontar à ascendência acadêmica dos cientistas. Se minha orientadora de tese é a matemática Vlada Limic, ela própria tivera como orientador, alguns anos antes, o probabilista britânico David Aldous. E poderíamos prosseguir por muito tempo. Remontando assim, de aluno a mestre, é possível retraçar a "genealogia" completa de um matemático. Veja a seguir a minha linhagem, que remonta ao século XVI, abarcando mais de vinte gerações!

A FASCINANTE HISTÓRIA DA MATEMÁTICA

Meu antepassado mais distante é, portanto, o matemático Niccolò Tartaglia, que já encontramos aqui. Impossível remontar mais longe, pois o cientista italiano é um autodidata. Filho de família pobre, reza a lenda, inclusive, que o jovem Tartaglia tinha de roubar em sua escola os livros nos quais aprendia matemática.

Nessa genealogia, também encontramos Galileu e Newton, que não precisam mais ser apresentados. Por um cantinho, vemos igualmente Marin Mersenne, que fundou a Academia Parisiense onde nasceu a teoria das probabilidades. Seu aluno Gilles Personne de Roberval é o inventor da balança de dois pratos que leva seu nome. Pouco adiante, Georges Darwin é o filho de Charles Darwin, pai da teoria da evolução.

Não há nada de excepcional em encontrar tais personagens nessa linhagem, pois a maioria dos matemáticos cuja genealogia remonta bem longe, acaba por encontrar nela grandes nomes. E cabe, por sinal, esclarecer que essa figura representa apenas meus antepassados diretos, ignorando meus numerosíssimos "primos". Hoje, Tartaglia tem mais de 13 mil descendentes, número que continua aumentando a cada ano.

16
O advento das máquinas

A estação de metrô Arts et Métiers é uma das mais estranhas de Paris. Ao desembarcar nela, o passageiro parece subitamente engolfado no ventre de cobre de um gigantesco submarino. Grandes engrenagens avermelhadas saem do teto, e nas laterais se alinha uma dezena de vigias. Olhando ao redor, ele vê curiosas cenas representando diversas invenções antigas ou insólitas. Engrenagens elípticas, astrolábio esférico e rodas hidráulicas convivem lado a lado com uma aeronave dirigível e um conversor siderúrgico. Não fosse o permanente fluxo de parisienses apressados entrando e saindo dos corredores subterrâneos, ninguém se espantaria se aparecesse diante de nós a figura imponente do capitão Nemo, saído diretamente do romance de Júlio Verne.

Mas o cenário do metrô é apenas um aperitivo do que nos espera lá em cima. Hoje, vou visitar o Conservatório Nacional de Artes e Ofícios, o CNAM, cujo museu apresenta uma das mais importantes coleções de máquinas antigas de todos os tipos. Dos primeiros automóveis motorizados aos telégrafos de quadrante, passando pelos manômetros de pistom, os relógios holandeses com autômatos, as pilhas de Volta, os teares de cartões perfurados, as prensas tipográficas móveis e os barômetros de sifão, todas essas invenções ressurgidas do passado me arrastam no atordoante turbilhão tecnológico dos quatro últimos séculos. Suspenso no meio da escadaria, eu dou com um aeroplano do século XIX que mais parece um gigantesco morcego. Em um corredor, vejo-me diante do Lama, primeiro robô concebido pelos cientistas russos do século XX para deslizar na superfície do planeta Marte.

Passo rapidamente por todos esses objetos fabulosos e vou direto ao segundo andar. É onde se encontra a galeria dos instrumentos científicos. Aqui estão as lunetas astronômicas, as clepsidras, as bússolas, as balanças de Roberval, os termômetros gigantescos e sublimes globos astronômicos girando sobre o próprio eixo! E de repente, em uma das vitrines, deparo-me com aquela que na verdade me trouxe aqui: a pascalina. Esta curiosa máquina tem a forma de um estojo de bronze de 40 centímetros de comprimento por 20 de largura, em cuja superfície foram fixadas seis rodas numeradas. O mecanismo foi concebido em 1642 por Blaise Pascal, então com apenas 19 anos. Tenho diante de mim a primeiríssima máquina de calcular da história.

Primeira? Para ser honesto, muito antes do século XVII já existiam dispositivos para fazer cálculos. De certa maneira, os dedos foram a primeira calculadora de todos os tempos, e os *Homo sapiens* muito cedo se valeram de diferentes acessórios para contar. O osso de Ishango e seus entalhes, os discos de argila de Uruk, os pauzinhos dos chineses antigos e os ábacos que tanto sucesso fizeram desde a Antiguidade, todos esses instrumentos servem de apoio para a numeração e o cálculo. Mas o fato é que nenhum deles se adequa à definição que em geral damos às calculadoras.

Para entendê-lo, tomemos alguns momentos para detalhar o funcionamento de um ábaco clássico. O objeto é formado por várias hastes nas quais correm bolas furadas. A primeira haste corresponde às unidades, a segunda, às dezenas, a terceira, às centenas, e assim por diante. Desse modo, se quisermos escrever o número 23, empurramos duas bolas na coluna das dezenas e três na das unidades. E se quisermos acrescentar 45, empurramos quatro dezenas e cinco unidades adicionais, o que dá 68.

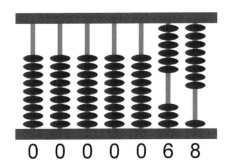

Em compensação, se for necessário transportar um algarismo para a coluna seguinte na soma, terá de haver uma pequena manipulação adicional. Para acrescentar 5 a 68, resta apenas uma bola disponível na haste das unidades. Nesse caso, tendo chegado a 9, será necessário baixar de novo todas as bolas para dar prosseguimento às unidades a partir de 0, ao mesmo tempo avançando uma bola transportada na coluna das dezenas. Chegaremos então a 73.

Essa manipulação nada tem de complicado realmente, mas é ela que impede que o ábaco, assim como todos os mecanismos que antecederam a pascalina, reivindique o título de calculadora. Para efetuar a mesma operação, o usuário não faz o mesmo gesto em caso de haver ou não um valor a ser transportado. Na verdade, a máquina não passa de um lembrete para ajudar o ser humano a se localizar, cabendo, no entanto, a ele efetuar à mão as diferentes etapas do cálculo. Em sentido inverso, quando usamos uma calculadora moderna para fazer uma soma, não nos preocupamos absolutamente com a maneira como a máquina encontra o resultado. Pode haver ou não valores transportados, não é problema nosso! Não há mais necessidade de pensar nem de se adaptar à situação, o aparelho cuida de tudo.

Por esse critério, a pascalina de fato é a primeira calculadora da história. Embora o mecanismo seja extremamente preciso, exigindo grande habilidade do construtor, seu princípio de funcionamento é bastante simples. Na parte superior da máquina encontram-se seis rodas com dez dentes numerados.

A primeira roda à direita representa o algarismo das unidades, a segunda, o algarismo das dezenas, e assim sucessivamente. Acima das rodas encontra-se o mostruário com seis casinhas, uma por roda, indicando cada uma delas um algarismo. Para inscrever o número 28, basta girar a roda das dezenas dois dentes no sentido horário e a das unidades, oito dentes. Graças a um sistema interno de engrenagens, veremos então aparecer os algarismos 2 e 8 nas duas casas correspondentes. E se agora quisermos acrescentar 5 unidades a este número, não precisaremos fazer nós mesmos o transporte: basta girar a roda das unidades em cinco dentes, e no momento em que ela passar de 9 a 0, o algarismo das dezenas passará automaticamente de 2 a 3. Agora a máquina apresenta o número 33.

E isso funciona com tantos transportes quantos quisermos. Experimente inscrever 99.999 na pascalina, e depois gire a roda das unidades em um entalhe. Você verá todos os transportes se propagarem em cascata para a esquerda, fazendo aparecer o número 100.000, sem que o usuário precise fazer nenhum outro gesto!

O ADVENTO DAS MÁQUINAS

Depois de Pascal, muitos outros inventores aperfeiçoaram sua máquina, para permitir um número cada vez maior de operações, de maneira sempre mais rápida e eficaz. No fim do século XVII, Leibniz foi um dos primeiros a seguir seus passos, concebendo um mecanismo que permitia simplificar as multiplicações e as divisões. Mas seu sistema ainda é incompleto, e as máquinas que ele fabrica cometem alguns erros de transporte em alguns casos específicos. Só no século XVIII suas ideias seriam plenamente aplicadas. Vários protótipos, cada vez mais confiáveis em seu desempenho, são então criados por inventores sempre mais engenhosos e imaginosos. Mas a crescente complexidade dos mecanismos tem um preço: o tamanho das máquinas, que eram objetos de dimensões modestas e se tornam verdadeiros móveis de pequenas dimensões.

No século XIX, as máquinas de calcular se democratizam, propagando-se de maneira muito semelhante à de suas primas, as máquinas de escrever. Muitos escritórios de contabilidade, homens de negócios ou simplesmente comerciantes passam a fazer uso dessas calculadoras, que se integram ao ambiente e rapidamente se tornam indispensáveis. Todos já se perguntam inclusive como é que podiam ter vivido sem elas até então.

Prosseguindo em minha visita ao museu, encontro vários sucessores da pascalina. Lá estão o aritmômetro de Thomas de Colmar, a máquina de multiplicar de Léon Bollée, o aritmógrafo policrômico de Dubois e o contômetro de Felt e Tarrant. Um dos mecanismos de maior sucesso foi o modelo de aritmômetro desenvolvido na Rússia pelo engenheiro sueco Willgodt Theophil Odhner. Essa máquina é composta de três elementos principais: a parte alta, na qual se indica, com pequenas alavancas, o número que se quer operar, a parte baixa, formada por um carrinho que se desloca horizontalmente e no qual aparece o resultado da operação e, à direita, a manivela que permite efetuar a operação.

A cada girar da manivela, o número indicado na parte alta é adicionado ao número já mostrado no carrinho de baixo. Para efetuar uma subtração, basta simplesmente girar a manivela no sentido inverso.

Suponhamos agora que seja necessário efetuar a multiplicação 374 × 523. Indicamos o número 374 na parte superior e giramos a manivela três vezes. A parte inferior mostra então 1.122, resultado da operação 374 × 3. Agora, deslocamos o carrinho do mostruário um entalhe na direção das dezenas e giramos a manivela mais duas vezes. Aparece o número 8.602, correspondendo ao produto de 374 por 23. Se deslocarmos o carrinho mais um entalhe, para passar às centenas, girando cinco vezes a manivela, temos outro resultado: 195.602. Com um pouco de hábito e treinamento, terão sido necessários apenas alguns segundos para efetuar a multiplicação.

Em 1834, uma ideia no mínimo estranha passa pela cabeça do matemático britânico Charles Babbage: o cruzamento de uma máquina de calcular com um tear! Há alguns anos, o funcionamento dos teares passou por vários aperfeiçoamentos. Um deles é a introdução de cartões perfurados que permitem que uma mesma máquina produza motivos de grande variedade sem precisar alterar sua regulagem. Conforme haja ou não um buraco em determinado lugar do cartão, um gancho articulado atravessa ou não, e o fio de trama passa por cima ou por baixo do urdume. Em suma, basta reproduzir o padrão desejado no cartão perfurado, e a máquina adapta-se automaticamente.

Com base nesse modelo, Babbage concebe uma calculadora mecânica que não se limitaria a fazer cálculos precisos, como somas e multiplicações, sendo capaz de adaptar seu comportamento e realizar milhões de operações diferentes em função de um cartão perfurado nela inserido. Mais precisamente, a máquina é capaz de realizar todas as operações polinomiais, isto é, os cálculos que combinam em ordem aleatória as quatro operações de base e as potências. Assim como a pascalina permitia ao usuário fazer o mesmo movimento, quaisquer que sejam os números usados, a máquina de Babbage permite fazer os mesmos movimentos, quaisquer que sejam as operações realizadas. Não é mais necessário, como era o caso, por exemplo, com a calculadora de Odhner, girar a manivela em sentido contrário conforme se queira fazer uma adição ou uma subtração. Basta inscrever o cálculo no cartão perfurado, e a máquina cuida de tudo. Esse mecanismo revolucionário faz da máquina de Babbage o primeiro computador da história.

Mas o seu funcionamento ainda assim apresenta um novo desafio. Para efetuar um cálculo, é preciso fornecer à máquina o cartão perfurado adequado. Ele é formado por uma sucessão de buracos e não buracos que serão detectados pelo mecanismo, indicando-lhe etapa por etapa quais operações devem ser efetuadas. Antes mesmo de ser acionada, portanto, o uso da máquina deve traduzir o cálculo que se deseja fazer em uma sucessão de buracos e não buracos a serem lidos pela máquina.

Esse trabalho de tradução seria pesquisado e desenvolvido pela matemática britânica Ada Lovelace. Ela se debruça sobre o funcionamento da máquina e entende, mais talvez que o próprio Babbage imaginara, todo o seu potencial. Em particular, descreve um complexo código que permite calcular a sequência de Bernoulli, extremamente útil para o cálculo infinitesimal e descoberta mais de um século antes pelo suíço Jacques Bernoulli. Esse código em geral é considerado o primeiríssimo programa de informática, fazendo de Lovelace a primeira programadora da história.

Ada Lovelace morreu em 1852, aos 36 anos. Charles Babbage tentou construir sua máquina durante toda a vida, mas morreu em 1871 sem conseguir concluir seu protótipo. Só no século XX seria possível enfim assistir ao funcionamento de uma máquina de Babbage. Observar uma dessas calculadoras em movimento tem algo de impressionante e mágico. Suas imponentes dimensões (em torno de 2 metros de altura por 3 de largura) e o balé coordenado das centenas de engrenagens que se agitam e rodopiam no seu ventre dão uma impressão ao mesmo tempo maravilhosa e atordoante.

O protótipo inconcluso do cientista britânico tem hoje lugar garantido no Science Museum de Londres, onde ainda pode ser admirado. E um exemplar funcional reconstituído no início do século XXI também pode ser apreciado no Computer History Museum de Mountain View, na Califórnia.

O século XX assistiria ao triunfo dos computadores em proporções que Babbage e Lovelace jamais teriam imaginado. As máquinas de calcular se beneficiariam dos frutos convergentes das matemáticas mais antigas e mais recentes.

Por um lado, o cálculo infinitesimal e os números imaginários permitiram equacionar fenômenos eletromagnéticos que logo dariam origem aos aparelhos eletrônicos. Por outro, o século XIX assistiu ao renascimento das questões relativas aos fundamentos da matemática, aos axiomas e aos raciocínios elementares que permitem fazer demonstrações. O primeiro ponto ofereceria às máquinas uma infraestrutura material de rapidez fora do comum, e o segundo permitiria a organização eficaz dos cálculos elementares, para produzir os resultados mais complexos.

Um dos principais artesãos dessa revolução foi o matemático britânico Alan Turing. Ele publicou, em 1936, um artigo estabelecendo um paralelo entre a possibilidade, no campo da matemática, de demonstrar um teorema e a possibilidade, no campo da informática, de fazer com que uma máquina calcule um resultado. No artigo, Turing descreve pela primeira vez o funcionamento de uma máquina abstrata que receberia seu nome e ainda hoje é amplamente utilizada em informática teórica. A máquina de Turing é puramente imaginária. O matemático britânico não se preocupa com os mecanismos concretos pelos quais ela pudesse ser construída. Limita-se a expor as operações elementares que sua máquina pode realizar, e em seguida se pergunta o que ela é capaz de obter com a mistura dessas operações. Bem vemos aqui a analogia com um matemático apresentando seus axiomas e depois tentando deduzir teoremas pela sua combinação.

A sequência de instruções dadas a uma máquina para chegar a um resultado chama-se algoritmo, deformação latina da palavra al-Khwarizmi. Cabe lembrar que os algoritmos informáticos se inspiram amplamente em procedimentos de resolução de problemas já conhecidos dos antigos. Como sabemos, al-Khwarizmi, em seu *al-jabr*, não só considerava objetos matemáticos abstratos como também fornecia métodos práticos que permitiam aos cidadãos de Bagdá encontrar solução para seus problemas, sem necessariamente ter compreendido toda a teoria. Da mesma forma, um computador não precisa que lhe seja explicada a teoria, que de qualquer maneira ele seria incapaz de entender. Precisa apenas que lhe seja indicado quais cálculos devem ser feitos e em qual ordem.

Vejamos agora um exemplo de algoritmo que podemos fornecer a uma máquina. Ela possui três casas de memória nas quais podem ser inscritos números. Você seria capaz de adivinhar o que esse algoritmo vai calcular?

> **Etapa A.** Inscrever o número 1 na casa de memória nº 1, e em seguida passar à etapa B.
>
> **Etapa B.** Inscrever o número 1 na casa de memória nº 2, e em seguida passar à etapa C.
>
> **Etapa C.** Inscrever a soma da casa de memória nº 1 com a casa de memória nº 2 na casa de memória nº 3, e em seguida passar à etapa D.
>
> **Etapa D.** Inscrever o número da casa de memória nº 2 na casa de memória nº 1, e em seguida passar à etapa E.
>
> **Etapa E.** Inscrever o número da casa de memória nº 3 na casa de memória nº 2, e em seguida passar à etapa C.

Como se pode notar, a máquina vai ficar girando sem parar, pois a etapa E retorna à etapa C. As etapas C, D e E, portanto, vão se repetir indefinidamente.

E aí? O que essa máquina está fazendo? É necessário um pouco de reflexão para decifrar essa sequência de instruções dadas friamente e sem explicações. Mas você pode entender que esse algoritmo calcula números que já conhecemos bem, pois se trata dos termos da sequência de Fibonacci!* As etapas A e B iniciam os dois primeiros termos da sequência: 1 e 1. A etapa C calcula a soma dos dois termos anteriores. Em seguida, as etapas D e E deslocam os resultados obtidos na memória, de maneira a poder recomeçar. Se observarmos os dados que aparecem sucessivamente nas casas de memória durante o funcionamento da máquina, assistiremos ao desfile dos números 1, 1, 2, 3, 5, 8, 13, 21, e assim por diante.

---

* Para recordar, os dois primeiros termos da sequência de Fibonacci são 1 e 1. Em seguida, cada termo é a soma dos dois anteriores. A sequência começa da seguinte maneira: 1, 1, 2, 3, 5, 8, 13, 21...

Se esse algoritmo é relativamente simples, ainda não é o suficiente para poder ser lido por máquinas de Turing. Tal como definidas pelo autor, essas máquinas de fato não são capazes de fazer uma soma, como acontece na etapa C. Suas únicas faculdades são escrever, ler e se deslocar na memória obedecendo às instruções dadas a cada etapa. Mas é possível ensinar-lhe a soma fornecendo o algoritmo pelo qual os números se adicionam fileira por fileira, e levando em conta os transportes, como no caso do ábaco. Em outras palavras, a adição não faz parte dos axiomas da máquina, mas já constitui um dos seus teoremas, cujo algoritmo precisa ser fornecido para que ele seja utilizado. Uma vez escrito esse algoritmo, basta inseri-lo na etapa C para que uma máquina de Turing seja capaz de calcular os números de Fibonacci.

Aumentando a complexidade, pode-se em seguida ensinar a uma máquina de Turing como fazer multiplicações, divisões, quadrados, raízes quadradas, resolver equações, calcular aproximações de π ou razões trigonométricas e até proceder a um cálculo infinitesimal. Em suma, desde que lhe sejam fornecidos os algoritmos certos, uma máquina de Turing pode efetuar todas as operações matemáticas de que falamos até agora, indo muito além em matéria de precisão.

O teorema das quatro cores

Tomemos o mapa de um território formado por várias regiões delimitadas por suas fronteiras. Quantas cores serão necessárias, no mínimo, para colorir esse mapa de maneira que duas regiões limítrofes nunca sejam da mesma cor?

Em 1852, o matemático sul-africano Francis Guthrie debruçou-se sobre a questão, conjecturando que, qualquer que seja o mapa, sempre é possível utilizar apenas quatro cores. Depois dele, muitos cientistas tentaram demonstrar esse enunciado, sem sucesso, durante mais de um século. Alguns avanços foram alcançados, contudo, e estabeleceu-se que todos os mapas possíveis poderiam ser reduzidos a 1.478 casos particulares, cada um deles requerendo numerosas verificações. Só que havia um detalhe: impossível para um ser humano ou mesmo uma equipe inteira de seres humanos efetuar todas essas verificações. Uma vida inteira não bastaria. Imagine só a frustração desses matemáticos, tendo nas mãos o método capaz de provar ou desmentir a conjectura, mas não podendo usá-lo por uma questão de tempo!

Na década de 1960, a ideia de recorrer a um computador começa a germinar na mente de alguns pesquisadores, e em 1976 os americanos Kenneth Appel e Wolfgang Haken finalmente anunciam ter provado o teorema. Mas terão sido necessários mais de 1.200 horas de cálculos e 10 bilhões de operações elementares para que a máquina avaliasse todos os 1.478 mapas.

O anúncio foi como uma bomba no meio matemático. Como encarar essa "demonstração" de caráter totalmente inovador? Caberia aceitar a validade de uma demonstração tão longa que nenhum ser humano seria capaz de lê-la por inteiro? Até que ponto se pode confiar nas máquinas?

Essas questões provocaram muitos debates. Enquanto alguns afirmavam que não se podia ter 100% de certeza de que a máquina não se enganara, outros retrucavam que o mesmo poderia ser dito sobre os seres humanos. Um mecanismo eletrônico valeria menos que o mecanismo biológico do *Homo sapiens*? Uma prova gerada por uma máquina metálica é menos digna de confiança do que uma prova fornecida por uma máquina orgânica? Quantas vezes não vimos matemáticos, às vezes dos mais importantes, cometerem erros que só muito mais tarde seriam percebidos? Isso por acaso deveria nos levar a duvidar dos fundamentos do edifício matemático em seu conjunto? Uma máquina certamente está sujeita a defeitos e às vezes pode cometer erros, mas se sua confiabilidade for pelo menos equivalente à de um ser humano (e muitas vezes a supera), não há motivos para rejeitar seus resultados.

Hoje em dia, os matemáticos aprenderam a confiar nos computadores e, em sua maioria, consideram válida a demonstração do teorema das quatro cores. Desde então, muitos outros resultados foram comprovados com a ajuda da informática. Mas o fato é que esse tipo de método nem sempre é muito apreciado. Uma prova concisa produzida pela mão humana muitas vezes é considerada mais elegante. Se o objetivo da matemática é entender os objetos abstratos nela manipulados, as provas humanas são muito mais instrutivas, em geral permitindo apreender melhor seu sentido profundo.

No dia 10 de março de 2016, o mundo está com os olhos voltados para Seul, onde acontecerá a tão esperada partida de go entre o melhor jogador do mundo, o coreano Lee Sedol, e o computador AlphaGo. Transmitida ao vivo pela internet e por várias redes de televisão, a disputa é acompanhada por centenas de milhões de pessoas em todo o mundo. Há tensão no ambiente. Nunca antes um computador venceu um jogador humano de altíssimo nível.

Go é considerado um dos jogos mais difíceis de ensinar a uma máquina. Sua estratégia exige dos jogadores considerável dose de intuição e criatividade. Ora, se as máquinas são muito fortes em cálculo, é bem mais difícil encontrar algoritmos que simulem comportamentos instintivos. Outros jogos famosos, como o xadrez, são de caráter muito mais próximo do cálculo. Por esse motivo o computador Deep Blue conseguira vencer o campeão russo de xadrez Garry Kasparov já em 1997, em uma disputa que também causou grande alvoroço. Em outros jogos, como o de damas, os computadores chegaram inclusive a desenvolver uma estratégia invencível. Nenhum ser humano pode alimentar esperanças de vencer um computador no jogo de damas. No máximo, conseguirá um empate, se jogar à perfeição. Na família dos grandes jogos de estratégia, portanto, go ainda era, em 2016, o único que resistia à investida das máquinas.

Com uma hora de jogo, estamos no 37º lance, e a partida parece apertada. É quando AlphaGo deixa todos os especialistas que acompanham a partida de queixo caído. O computador decide jogar sua pedra preta na posição O10. Na internet, o comentarista que decifra e analisa os lances ao vivo estreita os olhos, coloca a pedra no seu tabuleiro de demonstração e volta a pegá-la, hesitante. Verifica sua tela outra vez e finalmente a coloca de volta na posição. "Um lance incrível!", exclama, com um sorriso perplexo. "Deve ser um erro", acrescenta o segundo comentarista. Nos quatro cantos do mundo, os maiores especialistas do jogo manifestam o mesmo espanto. O computador teria cometido um enorme erro ou acabava de aplicar um golpe de gênio? Três horas e meia e 174 lances depois, veio a resposta, incontornável, com a desistência do campeão coreano. A máquina tinha vencido.

Depois da partida, não faltaram adjetivos para qualificar o famoso lance 37. Criativo. Único. Fascinante. Nenhum ser humano teria feito um lance considerado ruim pelas estratégias tradicionais, mas que acabara conduzindo à vitória! Coloca-se então a questão: como um computador que se limita a seguir um algoritmo criado por seres humanos é capaz de apresentar criatividade?

A resposta está em novos tipos de algoritmos de aprendizagem. Os programadores não ensinaram realmente o computador a jogar. Eles o ensinaram a aprender a jogar! Nas sessões de treinamento, AlphaGo passou milhares de horas jogando contra ele próprio e detectando sozinho todos os lances que levam à vitória. Outra de suas características é a introdução do acaso no seu algoritmo. As combinações possíveis no go são numerosas demais para serem calculadas, mesmo por um computador. Para resolver esse problema, AlphaGo tira na sorte os caminhos que vai explorar, usando a teoria das probabilidades. O computador testa apenas uma pequena amostragem das combinações possíveis e, assim, como uma pesquisa estima as características de uma população inteira a partir de um pequeno grupo, determina os lances que têm mais chances de levá-lo à vitória. É este, em parte, o segredo da intuição e da originalidade de AlphaGo: não refletir de maneira sistemática, mas pesar os possíveis futuros em função de suas probabilidades.

À parte os jogos de estratégia, os computadores, dotados de algoritmos cada vez mais complexos e eficazes, parecem atualmente capazes de superar os homens na maioria de suas competências. Eles dirigem automóveis, participam de operações cirúrgicas, podem criar músicas ou pintar quadros originais. Difícil imaginar uma atividade humana que, do ponto de vista técnico, não possa ser realizada por uma máquina pilotada por um algoritmo adequado.

Diante desses avanços fulgurantes realizados em apenas algumas décadas, quem sabe do que não serão capazes os computadores do futuro? E quem sabe se, um dia, não estarão em condições de inventar sozinhos novas operações matemáticas? Por enquanto, o jogo matemático ainda é demasiado complexo para que os computadores deem livre curso a sua criatividade. Neles, sua utilização continua sendo basicamente de técnica e de cálculo. Mas talvez um dia um descendente de AlphaGo produza um teorema inédito que, como o lance 37 do antepassado, vá deixar de queixo caído os maiores cientistas do planeta. Difícil fazer um prognóstico sobre quais serão as proezas das máquinas de amanhã, mas seria surpreendente se elas não nos surpreendessem.

17
Matemática do futuro

O céu está escuro e o ruído da chuva ressoa nos telhados de Zurique. Que tempo mais triste no auge do verão! O trem não deve demorar.

É domingo, 8 de agosto de 1897, e um homem espera, pensativo, na plataforma da estação, a chegada de seus convidados. Adolf Hurwitz é matemático. De origem alemã, estabeleceu-se há cinco anos em Zurique, onde ocupa a cátedra de matemática na Escola Politécnica Federal. Nessa condição é que desempenhou um papel importante na organização do evento que transcorrerá nos três próximos dias. O trem que está para chegar trará uma amostra dos maiores cientistas do mundo, vindos de dezesseis países. Amanhã terá início o primeiro Congresso Internacional de Matemáticos.

Os dois organizadores do congresso são os alemães Georg Cantor e Felix Klein. O primeiro ficou famoso ao descobrir que existem infinitos maiores que outros e desenvolveu a teoria dos conjuntos para manipulá-los sem cair em paradoxos. O segundo é especialista em estruturas algébricas. Embora a Suíça tenha sido escolhida como país-sede desse primeiro congresso por motivos diplomáticos, não surpreende que a iniciativa tenha partido da Alemanha. Ao longo do século XIX, o país se impôs como o novo eldorado da matemática. Göttingen e sua universidade, de grande prestígio, são o centro nevrálgico desse movimento, onde se encontram as mentes mais brilhantes da disciplina.

Entre os duzentos participantes do congresso, há também um bom número de italianos, como Giuseppe Peano, conhecido por ter definido os axiomas modernos da aritmética, russos como Andrei Markov, cujos trabalhos revolucionaram o estudo das probabilidades, e franceses como Henri Poincaré,* descobridor, entre outras coisas, da teoria do caos e do que mais tarde ficaria conhecido como efeito borboleta. Nos três dias do congresso, todos eles poderão discutir, trocar, criar vínculos entre si e seus campos de pesquisa.

No fim do século XIX, o mundo da matemática está em plena metamorfose. A expansão da disciplina, tanto geográfica quanto intelectual, distancia os cientistas uns dos outros. A matemática está se tornando vasta demais para que um único indivíduo seja capaz de abarcar todo o seu alcance. Henri Poincaré, que fez o discurso de abertura do congresso, costuma ser considerado o último grande cientista universal, dominando todos os ramos da matemática em sua época e tendo produzido avanços significativos em boa parte deles. Com ele desaparece a espécie dos generalistas, que dá lugar à dos especialistas.

Todavia, numa espécie de reação a essa inexorável deriva dos continentes matemáticos, os cientistas se esforçariam mais do que nunca no sentido de multiplicar oportunidades de trabalhar juntos e tornar sua disciplina um bloco unido e indivisível. Tensionada entre esses dois impulsos, a matemática entra no século XX.

O Segundo Congresso Internacional de Matemática é realizado em Paris em agosto de 1900. Posteriormente, a periodicidade seria de um congresso de quatro em quatro anos, à exceção de alguns cancelamentos por causa das guerras mundiais. O mais recente se realizou em Seul, de 13 a 21 de agosto de 2014. Com mais de 5 mil participantes de 120 países, esse congresso foi a maior reunião de matemáticos jamais realizada.

---

* Já encontramos Poincaré anteriormente. A ele é que devemos a frase: "Fazer matemática é dar o mesmo nome a coisas diferentes."

MATEMÁTICA DO FUTURO

Ao longo dos anos, certas tradições acabaram por se impor no congresso. Assim é que, desde 1936, a importante medalha Fields é conferida durante sua realização. Essa recompensa, conhecida como o Prêmio Nobel da matemática, é a mais alta distinção da disciplina. A medalha reproduz um retrato de Arquimedes acompanhado de uma citação no mínimo enfática do matemático grego: *Transire suum pectus mundoque potiri* ("Superar os limites da inteligência e conquistar o universo").

Perfil de Arquimedes na medalha Fields

Outro efeito da globalização matemática: o inglês aos poucos se impôs como língua internacional da disciplina. Cabe lembrar que, já no congresso de Paris, certos participantes se queixavam de que as conferências e transcrições exclusivamente em língua francesa atrapalhavam a compreensão dos congressistas estrangeiros. A Segunda Guerra Mundial e o êxodo de grande parte dos cérebros europeus para os Estados Unidos e suas grandes universidades contribuíram grandemente para essa tendência. Atualmente, a imensa maioria dos artigos de pesquisa matemática é escrita e publicada em inglês.*

Em um século, o número de matemáticos também aumentou consideravelmente. Em 1900, eles não passavam de algumas centenas, principalmente

---

* Desde 1991, artigos procedentes do mundo inteiro são difundidos gratuitamente pela internet, na plataforma arXiv.org criada pela universidade americana de Cornell. Se quiser saber como é um artigo de matemática, pode consultá-la.

na Europa. Hoje, são dezenas de milhares nos quatro cantos do mundo. Todos os dias, dezenas de artigos são publicados. Segundo certas estimativas, atualmente a comunidade matemática mundial produz cerca de 1 milhão de novos teoremas de quatro em quatro anos!

A unificação da matemática também passaria por uma reorganização profunda da própria disciplina. Um dos agentes mais ativos desse movimento seria o alemão David Hilbert. Professor na Universidade de Göttingen, Hilbert é, ao lado de Poincaré, um dos mais brilhantes e influentes matemáticos do início do século XX.

Em 1900, Hilbert participou do congresso de Paris, apresentando em Sorbonne, na quarta-feira, 8 de agosto, uma dissertação que se tornaria famosa. O matemático alemão enunciou uma lista de grandes problemas não resolvidos que, segundo ele, deviam constituir a pauta da matemática do século que se iniciava. Os matemáticos adoram um desafio, e a iniciativa acertou na mosca. Os 23 problemas de Hilbert provocaram e estimularam o interesse dos pesquisadores, e logo se disseminariam muito além das pessoas presentes no congresso.

Em 2016, quatro desses problemas ainda não possuíam resposta. Entre eles, o oitavo da lista de Hilbert, conhecido como hipótese de Riemann, costuma ser considerado a maior das conjecturas matemáticas da nossa época. Trata-se de encontrar as soluções imaginárias de uma equação exposta em meados do século XIX pelo alemão Bernhard Riemann. Se essa equação é particularmente interessante, é pelo fato de encerrar a chave de um mistério muito mais antigo: a sequência dos números primos estudados desde a Antiguidade.* Eratóstenes fora um dos primeiros a estudar essa

---

* Números primos são aqueles que não podem ser encontrados como multiplicação de dois números menores que eles próprios. Por exemplo, 5 é um número primo, mas não 6, pois 2 × 3 = 6. A sequência dos números primos começa por 2, 3, 5, 7, 11, 13, 17, 19...

sequência, no século III antes da nossa era. Quem encontrar as soluções da equação de Riemann estará encontrando muitas informações sobre esses números, que ocupam um lugar central na aritmética.

Enquanto seus 23 problemas persistiam, Hilbert não parou por aí. Nos anos seguintes, o matemático alemão começou a desenvolver um vasto programa para assentar todos os ramos da matemática em um mesmo alicerce sólido, confiável e definitivo. Seu objetivo: criar uma teoria única que permitisse englobar todos os ramos da matemática! Cabe lembrar que, desde Descartes e suas coordenadas, os problemas de geometria podiam ser expressos em linguagem algébrica. De certa maneira, a geometria tornara-se, portanto, uma subdisciplina da álgebra. Mas seria possível reproduzir essa fusão das disciplinas no nível de toda a matemática? Em outras palavras, seria possível encontrar uma superteoria da qual todos os ramos da matemática, da geometria às probabilidades, passando pela álgebra e o cálculo infinitesimal, fossem apenas casos particulares?

Essa superteoria de fato surgiria, retomando o contexto da teoria dos conjuntos exposta no fim do século XIX, por Georg Cantor. Várias propostas de axiomatização dessa teoria se perfilaram no início do século XIX. Entre 1910 e 1913, os britânicos Alfred North Whitehead e Bertrand Russell publicaram um trabalho em três volumes intitulado *Principia Mathematica*. Nele, expuseram os axiomas e as regras lógicas a partir dos quais recriaram completamente o resto da matemática. Um dos trechos mais conhecidos do livro está na página 362 do primeiro volume, onde Whitehead e Russell, depois de terem recriado a aritmética, finalmente chegam ao teorema $1 + 1 = 2$! Os comentaristas acharam muito divertido que fossem necessárias para os neófitos tantas páginas e desdobramentos incompreensíveis para chegar a uma igualdade tão elementar. Para o deleite dos olhos, mostramos abaixo como fica, na linguagem simbólica de Whitehead e Russell, a demonstração de $1 + 1 = 2$.

> ∗54·43. ⊢ :. α, β ϵ 1 . ⊃ : α ∩ β = Λ . ≡ . α ∪ β ϵ 2
> *Dem.*
> ⊢ . ∗54·26 . ⊃ ⊢ :. α = ι'x . β = ι'y . ⊃ : α ∪ β ϵ 2 . ≡ . x ≠ y .
> [∗51·231]   ≡ . ι'x ∩ ι'y = Λ .
> [∗13·12]   ≡ . α ∩ β = Λ   (1)
> ⊢ . (1) . ∗11·11·35 . ⊃
> ⊢ :. (∃x, y) . α = ι'x . β = ι'y . ⊃ : α ∪ β ϵ 2 . ≡ . α ∩ β = Λ (2)
> ⊢ . (2) . ∗11·54 . ∗52·1 . ⊃ ⊢ . Prop
> From this proposition it will follow, when arithmetical addition has been defined, that 1 + 1 = 2.

Nem tente entender o que quer que seja essa aglutinação de símbolos, pois é absolutamente impossível sem ter lido as 361 páginas anteriores!*

Depois de Whitehead e Russell, outras propostas de aperfeiçoamento dos axiomas foram feitas, e hoje a maior parte da matemática moderna de fato encontra seus fundamentos nos axiomas de base da teoria dos conjuntos.

Essa unificação também causou um debate linguístico, pois certos matemáticos começaram nessa época a reivindicar o uso do singular em sua disciplina. Não mais dizer "as matemáticas", mas "a matemática"! Ainda hoje encontramos muitos pesquisadores militantes do singular, mas, pela força do hábito, o uso mais comum ainda não abandonou o plural, por enquanto.**

Apesar do impressionante êxito da teoria dos conjuntos, Hilbert ainda não estava satisfeito, pois persistiam algumas dúvidas sobre a confiabilidade dos axiomas dos *Principia Mathematica*. Para que uma teoria possa ser considerada perfeita, é necessário que atenda a dois critérios: ela deve ser coerente e completa.

---

* E mesmo tendo lido, não é exatamente simples...
** No francês, há o uso consolidado por "matemáticas" no plural, embora em português brasileiro usemos "matemática" no singular (*N. do T.*)

Coerência significa que a teoria não admite paradoxos. Ou seja, não é possível provar alguma coisa e o seu contrário. Se, por exemplo, um dos axiomas permite demonstrar que 1 + 1 = 2 e outro conclui que 1 + 1 = 3, a teoria é incoerente, pois se contradiz. Completude significa, por sua vez, que os axiomas da teoria são suficientes para demonstrar tudo que é verdadeiro no seu contexto. Se, por exemplo, uma teoria aritmética não tem suficientes axiomas para demonstrar que 2 + 2 = 4, ela é incompleta.

Seria possível demonstrar que os *Principia Mathematica* confirmavam os dois critérios? Seria possível ter certeza de que neles jamais seriam encontrados paradoxos, e que seus axiomas eram suficientemente precisos e poderosos para se deduzir deles todos os teoremas possíveis e imagináveis?

O programa de Hilbert seria interrompido de maneira tão brutal quanto inesperada quando, em 1931, um jovem matemático austro-húngaro chamado Kurt Gödel publicou um artigo intitulado *Über formal unentscheidbare Sätze der Principia mathematica und verwandter Systeme*, ou *Sobre as proposições formalmente indecidíveis dos Principia Mathematica e sistemas correlatos*. O artigo demonstrava um teorema extraordinário, afirmando que não podia existir uma teoria ao mesmo tempo coerente e completa! Se os *Principia Mathematica* são coerentes, então existem, necessariamente, afirmações ditas indecidíveis que neles não podem ser demonstradas nem refutadas. Impossível, portanto, determinar se são verdadeiras ou falsas!

A primorosa catástrofe de Gödel

O teorema de incompletude de Gödel é um monumento do pensamento matemático. Para tentar entender seu princípio geral, devemos observar mais detalhadamente a maneira como escrevemos a matemática. Eis aqui duas afirmações elementares da aritmética.

A soma de dois números pares sempre dá um número par.
B. A soma de dois números ímpares sempre dá um número ímpar.

Os dois enunciados são bastante claros, e poderiam ser escritos sem problemas na linguagem algébrica de Viète. Pensando um pouco, podemos constatar que a primeira afirmação, identificada como A, é verdadeira, ao passo que a segunda, B, é falsa, pois a soma de dois números ímpares é sempre par. O que nos conduz aos dois enunciados seguintes:

C. A afirmação A é verdadeira.
D. A afirmação B é falsa.

Estas duas novas frases são um tanto peculiares. Não são propriamente enunciados matemáticos, mas enunciados que falam de enunciados matemáticos! As frases C e D, ao contrário de A e B, a priori não podem ser escritas na linguagem simbólica de Viète. Não têm como tema os números, nem as figuras geométricas nem qualquer outro objeto de aritmética, probabilidades ou cálculo infinitesimal. Trata-se do que se costuma chamar de enunciados metamatemáticos, enunciados que não falam dos objetos matemáticos, mas da própria matemática.

Um teorema é matemática. A afirmação de que o teorema é verdadeiro é metamatemática.

A distinção pode parecer sutil e irrelevante, mas seria por meio de uma formalização incrivelmente engenhosa da matemática que Gödel obteria seu teorema. A proeza do cientista alemão foi encontrar um meio de escrever os enunciados metamatemáticos na própria linguagem da matemática! Por meio de um procedimento genial que permitia interpretar os enunciados como números, a matemática, além de falar dos números, de geometria ou de probabilidades, de repente conseguia falar dela mesma!

Algo que fala de si não lhe lembra nada? Lembre-se do famoso paradoxo de Epimênides. O poeta grego afirmara um dia que todos os cretenses eram mentirosos. Como o próprio Epimênides era cretense, era impossível determinar se sua declaração era verdadeira ou falsa sem se deparar com uma contradição. A serpente que morde a própria cauda. Até agora, os enunciados matemáticos tinham sido poupados desse tipo de afirmações autorreferenciais. Graças ao seu procedimento, contudo, Gödel conseguiu reproduzir um fenômeno do mesmo tipo no interior da própria matemática. Veja o seguinte enunciado:

G. A afirmação G não pode ser demonstrada a partir dos axiomas da teoria.

Esse enunciado é evidentemente metamatemático, mas, graças à astúcia de Gödel, pode apesar de tudo ser expresso na linguagem matemática. Torna-se possível, assim, tentar demonstrar G a partir dos axiomas da teoria. E então se apresentam duas possibilidades.

Ou é possível demonstrar G, mas nesse caso, como G afirma que não é demonstrável, significa que ela se equivoca, logo, que é falsa. Ora, se é possível demonstrar algo falso, é porque toda a teoria não se sustenta! Ela não é coerente.

Ou então não é possível demonstrar G. Nesse caso, o que G diz é verdadeiro, e isso significa que nossos axiomas são incapazes de provar uma afirmação que, no entanto, é verdadeira! Logo, a teoria é incompleta, pois há verdades que lhe são inacessíveis.

Em suma, em todos os casos, saímos perdendo. Ou a teoria é incoerente, ou é incompleta. O teorema de incompletude de Gödel de fato acabou definitivamente com os belos sonhos de Hilbert. E não adianta tentar contornar o problema mudando de teoria, pois seu resultado não se aplica apenas aos *Principia Mathematica*, mas a qualquer outra teoria que pretendesse substituí-la. Uma teoria única e perfeita que permitisse demonstrar todos os seus teoremas não pode existir.

Restava uma esperança, no entanto. O enunciado G de fato é indecidível, mas devemos confessar que não é muito interessante do ponto de vista matemático. Trata-se de uma curiosidade inventada por Gödel para poder explorar a brecha deixada por Epimênides. Mas ainda era possível esperar que os grandes problemas da matemática, aqueles que são interessantes, não caíssem na armadilha da autorreferência.

Infelizmente, foi necessário mais uma vez cair na realidade. Em 1963, o matemático norte-americano Paul Cohen demonstrou que o primeiro dos 23 problemas de Hilbert também pertencia a essa estranha categoria dos enunciados indecidíveis. Impossível demonstrá-lo ou refutá-lo a partir dos axiomas dos *Principia Mathematica*. Se esse primeiro problema vier a ser resolvido um dia, será necessariamente no contexto de outra teoria. Mas essa nova teoria conterá outras falhas e outros enunciados indecidíveis.

Se os estudos sobre os fundamentos da matemática ocuparam um lugar importante no século XX, nem por isso os outros ramos da disciplina deixaram de seguir seu caminho. É difícil descrever a enorme diversidade manifestada na matemática nas últimas décadas. Mas vamos aqui nos deter por alguns momentos em uma das pérolas mais deslumbrantes do século passado: o conjunto de Mandelbrot.

Essa esplêndida criatura surgiu da análise das propriedades de certas sequências numéricas. Escolha um número, o que bem quiser, e depois construa uma sequência tendo como primeiro termo 0 e sendo cada termo subsequente igual ao quadrado do termo anterior, ao qual se acrescenta o número escolhido. Se você escolher, por exemplo, o número 2, sua sequência vai começar da seguinte maneira: 0, 2, 6, 38, 1.446... Como pode notar, $2 = 0^2 + 2$, e depois $6 = 2^2 + 2$, e depois $38 = 6^2 + 2$, e depois $1.446 = 38^2 + 2$ e assim por diante. Se, no lugar de 2, você escolher o número -1, obterá a sequência 0, -1, 0, -1, 0... Essa sequência alterna simplesmente entre 0 e -1, pois de fato temos $-1 = 0^2 -1$ e $0 = (-1)^2 -1$.

Esses dois exemplos mostram que, em função do número escolhido, a sequência obtida pode adotar dois comportamentos muito diferentes. É possível que a sequência fuja na direção do infinito, apresentando valores cada vez maiores, como é o caso se tomarmos o número 2. Mas também é possível que a sequência seja limitada, isto é, que seus valores não se afastem e permaneçam numa zona limitada, como no caso do número -1. Todos os números, sejam inteiros, com vírgula ou mesmo imaginários, podem então se enquadrar em uma ou outra dessas duas categorias.

Essa classificação dos números pode parecer muito abstrata, e então, para melhor visualizar as coisas, é possível representá-la geometricamente, graças às coordenadas de Descartes. No plano, situamos todos os números reais num eixo horizontal, como já fizemos anteriormente,* e em seguida os números imaginários num eixo vertical. Podemos agora colorir os pontos que pertencem às duas categorias com cores diferentes. É quando aparece uma figura maravilhosa.

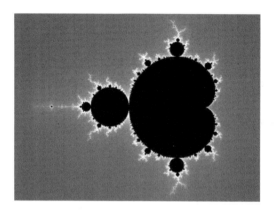

Nessa figura, os números coloridos de preto são os que geram sequências limitadas, ao passo que os cinzentos são os que levam a sequências que se dirigem ao infinito. Uma "sombra" branca foi projetada por trás da figura negra para melhor detectar certos detalhes extremamente finos e às vezes invisíveis a olho nu.

Como cada ponto da imagem corresponde ao cálculo e ao estudo de uma sequência, o traçado dessa figura requer muitos cálculos. Por

---

* Com o zero no meio, os números negativos à esquerda e os positivos à direita.

isso foi necessário esperar até o início da década de 1980 para que os computadores permitissem obter representações precisas dela. O matemático francês Benoît Mandelbrot foi um dos primeiros a estudar detalhadamente a geometria dessa figura, à qual seus colegas acabaram dando seu nome.

O conjunto de Mandelbrot é fascinante! Seu contorno é um rendilhado geométrico de espantosa harmonia e precisão. Dando um zoom na borda, vemos surgir mais e mais motivos infinitamente finos e incrivelmente cinzelados. Na verdade, é quase impossível captar numa só imagem toda a riqueza de formas contida no conjunto de Mandelbrot quando o esmiuçamos em detalhe. Uma pequena amostra disso pode ser vista na figura a seguir.

Mas o que o torna ainda mais notável é a desconcertante simplicidade de sua definição. Se para traçar essa figura tivesse sido necessário recorrer a equações monstruosas, cálculos eruditos e confusos ou construções disparatadas, poderíamos dizer: "Tudo bem, é uma bela figura, mas completamente artificial, apresentando pouco interesse." Mas não, essa figura é simplesmente a representação geométrica das propriedades elementares de sequências numéricas que se definem em algumas poucas palavras. De uma regra absolutamente simples nasceu essa maravilha geométrica.

Esse tipo de descoberta inevitavelmente relança o debate sobre a natureza da matemática: ela seria uma invenção humana ou teria existência independente? Os matemáticos são descobridores ou criadores? À primeira vista, o conjunto de Mandelbrot parece depor a favor da descoberta. Se essa figura assume essa forma extraordinária, não é porque Mandelbrot decidiu construí-la assim. O matemático francês não quis inventar tal figura. Ela se impôs a ele. Não poderia ser diferente do que é.

A FASCINANTE HISTÓRIA DA MATEMÁTICA

Mas de qualquer maneira não deixa de ser estranho contemplar a existência de um objeto que não só é puramente abstrato, mas cujo interesse em si mesmo não passa do contexto imaterial da matemática. Se os números, os triângulos e as equações são abstratos, podem ser úteis para apreender o mundo real. A abstração até o momento sempre parecia ter preservado um reflexo, mesmo que distante, do universo material. O conjunto de Mandelbrot parece não ter mais nenhum vínculo direto com ele. Nenhum fenômeno físico conhecido adota uma estrutura que se pareça com ele, ainda que de longe. Por que então se interessar por ele? Sua descoberta poderia ser situada no mesmo plano que a descoberta de um novo planeta em astronomia ou de uma nova espécie animal em biologia? Seria acaso um objeto que valha a pena ser estudado por si mesmo? Em outras palavras, a matemática funciona em condições de igualdade com as outras ciências?

Muitos matemáticos certamente responderão "sim" a essa pergunta. Mas o fato é que a disciplina preserva um lugar profundamente singular no campo dos conhecimentos humanos. Um dos motivos dessa singularidade está na relação ambígua da matemática com a beleza de seus objetos.

É verdade que descobrimos coisas particularmente belas em quase todas as ciências. Um exemplo são as imagens dos corpos celestes que nos são proporcionadas pelos astrônomos. Ficamos maravilhados com a forma das galáxias, as caudas cintilantes dos cometas e as cores resplandecentes das nebulosas. O Universo certamente é belo. O que é uma sorte. Mas devemos reconhecer que, se não o fosse, não poderíamos fazer grande coisa. Os astrônomos não têm escolha. Os astros são o que são, e seria necessário estudá-los mesmo que fossem feios. Muito embora a definição de beleza e feiura seja muito subjetiva, essa não é uma questão a ser discutida aqui.

O matemático, pelo contrário, parece um pouco mais livre. Como já vimos, existe uma infinidade de maneiras de definir estruturas algébricas. E, em cada uma delas, uma infinidade de maneiras de definir sequências cujas propriedades podem ser estudadas. Em sua maioria, essas pistas não levarão a conjuntos tão belos quanto o de Mandelbrot. Em matemática, a liberdade de escolher o que se estuda está muito mais presente. Na infinidade de teorias que poderiam ser exploradas, escolhemos muitas vezes as que nos parecem mais elegantes.

Essa abordagem a princípio aparenta ser mais artística. Se as sinfonias de Mozart são tão belas, não é por acaso, mas porque o compositor austríaco fez com que o fossem. Na infinidade de trechos musicais que podem ser compostos, a imensa maioria é terrivelmente feia. Basta bater ao acaso nas teclas de um piano para se convencer disso. O talento do artista consiste em encontrar nessa infinidade de possibilidades aquelas que vão nos maravilhar.

Da mesma forma, faz parte do talento de um matemático saber encontrar no infinito do mundo matemático os objetos mais dignos de interesse. Se a figura de Mandelbrot não fosse tão bela, é evidente que os matemáticos teriam se interessado muito menos por ela. Ela teria permanecido no anonimato das figuras esquecidas, como todas as sinfonias medíocres que ninguém nunca vai tocar.

Os matemáticos seriam, então, mais artistas do que cientistas? Isso já seria ir um pouco longe demais. E cabe até imaginar se a pergunta faz algum sentido. O cientista busca a verdade, e às vezes, por acaso, encontra nela a beleza. O artista busca a beleza, e às vezes, por acaso, encontra nela a verdade. Já o matemático parece por vezes esquecer-se de que há uma diferença entre as duas. Ele busca simultaneamente uma e outra. Encontra indiferentemente uma e outra. Combina o verdadeiro e o belo, o útil e o supérfluo, o comum e o inverossímil, como se fossem cores que se misturam em sua tela infinita.

Ele mesmo nem sempre entende muito bem o que faz. Muitas vezes, a matemática só revela seus segredos e sua verdadeira natureza muito tempo depois da morte de seus criadores. Pitágoras, Brahmagupta, al-Khwarizmi, Tartaglia, Viète e todos os outros inventaram operações matemáticas sem imaginar tudo aquilo que hoje elas nos permitem fazer. E talvez tampouco imaginemos tudo aquilo que elas permitirão fazer nos próximos séculos. Só o tempo concede o distanciamento necessário para apreciar a obra matemática em seu justo valor.

Epílogo

E o nosso relato então chega ao fim.

Pelo menos, ao fim da parte que me é possível relatar escrevendo este livro no início do século XXI. E depois? Evidentemente, a história não acabou.

É algo que devemos aceitar a partir do momento em que fazemos ciência: quanto mais sabemos sobre um assunto, mais nos damos conta do alcance da nossa ignorância. Cada resposta alcançada levanta dez novas questões. Esse jogo sem fim é ao mesmo tempo cansativo e eufórico. Devemos reconhecer que, se pudéssemos saber tudo, a alegria daí resultante seria imediatamente toldada pelo desespero muito maior de não ter mais nada a descobrir. Mas não vamos aqui brincar com o medo. Por sorte, a matemática que ainda está por ser descoberta é sem dúvida muito mais vasta do que a que conhecemos.

Como será a matemática do futuro? Uma questão vertiginosa! Chegar à fronteira dos nossos conhecimentos e dirigir o olhar a toda a extensão daquilo que não sabemos é de deixar qualquer um tonto! Para quem já saboreou alguma vez o gosto embriagante das novas descobertas, o apelo das terras desconhecidas é sem dúvida maior que o conforto dos territórios conquistados. A matemática é tão fascinante quando ainda não foi domesticada! E a embriaguez de observar, na névoa distante, as ideias selvagens saltitando livremente na savana infinita da nossa ignorância! Ideias que parecem sublimes e cujo mistério atormenta deliciosamente nossa imaginação. Algumas parecem próximas. Poderíamos até pensar que basta estender a mão para tocá-las. Outras são tão distantes que seriam necessárias gerações inteiras para aproximar-se delas. Ninguém sabe o que os matemáticos e matemáticas dos séculos vindouros vão descobrir, mas podemos apostar que eles serão cheios de surpresas.

Estamos em maio de 2016, e eu passeio pelas alamedas do Salão da Cultura e dos Jogos Matemáticos que se realiza anualmente na Place Saint-Sulpice, no sexto *arrondissement* de Paris. É um lugar do qual gosto, particularmente. Temos mágicos que explicam um passe de cartas cujo segredo repousa numa propriedade aritmética. Escultores que modelam na pedra estruturas geométricas inspiradas nos sólidos de Platão. Há também inventores cujos mecanismos de madeira formam estranhas máquinas de calcular. Mais adiante, encontro algumas pessoas calculando o raio da Terra, reproduzindo a experiência de Eratóstenes. Deparo-me em seguida com o estande dos cultores de origamis, o dos adeptos de quebra-cabeças e o dos calígrafos. No vão central é apresentada uma peça de teatro associando matemática e astronomia. Dá para ouvir as gargalhadas.

Todas essas pessoas estão fazendo matemática. Todas essas pessoas inventam operações matemáticas, cada um à sua maneira! O malabarista bem aqui ao meu lado vai usar em seu número figuras geométricas que nenhum grande cientista teria considerado dignas de interesse. Mas, na sua visão, elas são belas, e as bolas que ele joga para o alto fazem brilhar os olhos dos transeuntes.

Acho que tudo isso é ainda mais animador que todas as grandes descobertas dos grandes cientistas. Encontramos na matemática, mesmo a mais simples, uma fonte inesgotável de espanto e deslumbramento. Entre os visitantes do

EPÍLOGO

Salão, encontramos muitos pais que vêm, sobretudo, pelos filhos, e que, aos poucos, também entram na brincadeira. Nunca é tarde. A matemática tem um formidável potencial para se transformar numa disciplina festiva e popular. Não é necessário ser um matemático genial para se apaixonar por ela e desfrutar do êxtase da exploração e das descobertas.

Não é preciso muito para fazer matemática. E se você tiver vontade de continuar depois de virar esta última página, vai descobrir muito mais do que o que eu pude aqui relatar. Poderá traçar seu próprio caminho, forjar suas próprias preferências e seguir seus próprios desejos.

Para isso, basta uma pontinha de audácia, uma boa dose de curiosidade e um pouco de imaginação.

Para aprofundar

Para avançar mais na sua exploração matemática, aqui vão algumas dicas que podem ser úteis.

Museus e eventos

O Departamento de Matemática do Palais de la Découverte em Paris (http://www.palais-decouverte.fr) propõe eventos, exposições e oficinas para o público em geral. Se você puder visitar o local, não se esqueça de dar uma volta pela famosa sala π! Ainda em Paris, a Cité des Sciences et de L'Industrie (http://www.cite-sciences.fr) também tem um espaço dedicado à matemática.

Também há estabelecimentos mais modestos, como a Maison des Maths et de l'Iformatique, em Lyon (http://www.mmi-lyon.fr); a Association Fermat Science (http://www.fermat-science.com), que oferece eventos na cidade natal de Pierre de Fermat, em Beaumont-de-Lomagne, perto de Toulouse; o Exploradôme (http://www.exploradome.fr) de Vitry-sur-Seine e ainda a Maison des Maths (http://maisondesmaths.be) de Quaregnon, na Bélgica.

Indo mais longe, o Mathematikum (http://www.mathematikum.de) em Gießen, Alemanha, e o MoMaths (http://momath.org) em Nova York, Estados Unidos, são dois museus dedicados exclusivamente à matemática.

Todas essas instituições são extremamente interativas e privilegiam as manipulações e os mais variados tipos de experiências!

A esses estabelecimentos de caráter permanente devemos acrescentar eventos pontuais como o Salon Culture & Jeux Mathématiques (www.cijm.org) promovido anualmente em Paris, no fim de maio. A Fête de la Science (http://www.fetedelascience.fr), que se realiza em outubro, e a Semaine des Mathématiques, em março, promovem uma grande variedade de eventos em toda a França. E, aliás, a Semaine des Mathématiques costuma englobar o 14 de março, dia de π e grande festa mundial da matemática!

Livros

Existem numerosíssimas obras tratando da matemática em diferentes níveis de divulgação e especialização. As recomendações a seguir, naturalmente, não são exaustivas.

Martin Gardner, que editou de 1956 a 1981 a seção de matemática da *Scientific American*, é um personagem incontornável da matemática recreativa. Suas coletâneas de crônicas e seus numerosos livros de enigmas matemáticos são referências nesse terreno. Entre os clássicos, também podemos citar Yakov Perelman e seu famoso *Oh, les maths!*, assim como Raymond Smullyan com seus livros de lógica, como *Le livre qui rend fou* ou *Quel est le titre de ce livre?*

Entre os autores mais recentes, recomendamos os livros de Ian Stewart, como *Almanaque das curiosidades matemáticas*, de Marcus Du Sautoy, como *La symétrie ou les maths au clair de lune*, e de Simon Singh, como *Histoire des codes secrets* ou *Os segredos matemáticos dos Simpsons*. Por sua vez, *Le beau livre des math*, de Clifford A. Pickover, apresenta um panorama cronológico e ilustrado das mais fabulosas pepitas da história da matemática.

PARA APROFUNDAR

Entre os autores franceses, podemos citar em especial Denis Guedj, autor de vários trabalhos, entre eles o famoso romance de mistério histórico-matemático *O teorema do papagaio*. Jean-Paul Delahaye também é um autor inspirado, entre outros, com os livros *Le Fascinant Nombre π* e *Merveilleux nombres premiers*.

Em outro gênero, *Théorème vivant*, de Cédric Villani, é um mergulho no coração da pesquisa matemática de hoje, com a narrativa do nascimento de um teorema.

Na internet

O site "Image des mathématiques" (http://images.math.cnrs.fr) oferece regularmente artigos de divulgação da pesquisa atual, escritos por matemáticos.

Não deixe de dar uma olhada no blog "Choux romanesco, Vache qui rit et Intégrale curviligne" (http://eljjdx.canal-blog.com), de El Jenny Brickman, com postagens particularmente saborosas.

Os filmes *Dimensions* (http://www.dimensions-math.org) e *Chaos* (http://www.chaos-math.org), produzidos por Jos Leys, Aurélien Alvarez e Étienne Ghys, nos conduzem por meio de esplêndidas animações ao mundo da quarta dimensão e da teoria do caos.

Há alguns anos, multiplicam-se os canais de divulgação científica, especialmente no YouTube. Na matemática, podemos citar os vídeos de El Jj, que completam seu blog mencionado acima, assim como os canais "Science4All", "La statistique expliquée à mon chat" e "Passe-Science".

Para descobrir outras, a plataforma Vidéosciences (http://videosciences.cafe-sciences.org) reúne mais de uma centena de canais em todos os campos científicos.

Em língua inglesa, podemos citar, entre outros, o canal "Numberphile" e os vídeos de *Vi Hart*.

Você também pode buscar vídeos de conferências para o público em geral pronunciadas por pesquisadores de matemática. Os matemáticos Étienne Ghys, Tadashi Tokieda e Cédric Villani se mostram particularmente brilhantes nesse terreno.

Bibliografia

Aqui vai uma bibliografia dos principais documentos que me acompanharam na redação deste livro. Mas atenção: alguns podem ser bastante técnicos. A lista é apresentada em ordem alfabética dos autores.

Legenda:
Época
A: Antiguidade
M: Idade Média
R: Renascimento
E: Épocas Moderna & contemporânea

Tema
G: Geometria
N: Números/Álgebra
P: Análise/Probabilidade
L: Lógica
S: Outras ciências

[EP] M. G. Agnesi, *Traités élémentaires de calcul différentiel et de calcul intégral*, Claude-Antoine Jombert Libraire, 1775.
D. J. Albers, G. L. Alexanderson e C. Reid, *International Mathematical Congresses, an illustrated history*, Springer-Verlag, 1987.

[AG] Arquimedes, *Œuvres d'Archimède avec un commentaire par F. Peyrard*, François Buisson Libraire-Éditeur, 1854.

[AL] Aristóteles, *Physique*, GF-Flammarion, 1999.

[EP] S. Banach e A. Tarski, *Sur la décomposition des ensembles de points en parties respectivement congruentes*, Fundamenta Mathematicae, 1924.

[E] B. Belhoste, *Paris savant*, Armand Colin, 2011.

[EP] J. Bernoulli, *L'Art de conjecturer*, Imprimerie G. Le Roy, 1801.

[G] J.-L. Brahem, *Histoires de géomètres et de géométrie*, Éditions le Pommier, 2011.

[MN] H. Bravo-Alfaro, *Les Mayas, un lien fort entre Maths et Astronomie*, Maths Express au carrefour des cultures, 2014.

[N] F. Cajori, *A History of Mathematical Notations*, The open court company, 1928. [Em português, *Uma história da matemática*, Ciência Moderna, 2007.]

[RN] G. Cardano, *The Rules of Algebra (Ars Magna)*, Dover publications, 1968.

[RN] L. Charbonneau, *Il y a 400 ans mourait sieur François Viète, seigneur de la Bigotière*, Bulletin AMQ, 2003.

[AG] K. Chemla, G. Shuchun, *Les Neuf Chapitres, le classique mathématique de la Chine ancienne et ses com- mentaires*, Dunod, 2005.

[AG] K. Chemla, *Mathématiques et culture, Une approche appuyée sur les sources chinoises les plus anciennes connues — La mathématiques, les lieux et les temps*, CNRS Éditions, 2009.

[AG] M. Clagett, *Ancient Egyptian Science — A Source Book*, American Philosophical Society, 1999.

[EG] R. Cluzel e J.-P. Robert, *Géométrie — Enseignement technique*, Librairie Delagrave, 1964.

Coletivo — Department of Mathematics — North Dakota State University, *Mathematics Genealogy Project*, https://genealogy.math.ndsu.nodak.edu/, 2016.

[N] J. H. Conway e R. K. Guy, *The book of Numbers*, Springer, 1996.

[E] G.P. Curbera, *Mathematicians of the world, unite!: The International Congress of Mathematicians — A Human Endeavor*, CRC Press, 2009.

J.-P. Delahaye, *Le Fascinant Nombre π*, Pour la science — Belin, 2001.

BIBLIOGRAFIA

A. Deledicq e coletivo, *La Longue Histoire des nombres*, ACL — Les éditions du Kangourou, 2009.

[AG] A. Deledicq e F. Casiro, *Pythagore & Thalès*, ACL — Les éditions du Kangourou, 2009.

A. Deledicq, J.-C. Deledicq e F. Casiro, *Les Maths et la Plume*, ACL — Les éditions du Kangourou, 1996.

[M] A. Djebbar, *Bagdad, un foyer au carrefour des cultures*, Maths Express au carrefour des cultures, 2014.

[M] A. Djebbar, *Les Mathématiques arabes, L'âge d'or des sciences arabes* (coletivo), Actes Sud — Institut du Monde Arabe, 2005.

[M] A. Djebbar, *Panorama des mathématiques arabes — La mathématique, les lieux et les temps*, CNRS Éditions, 2009.

[A] D. W. Engels, *Alexander the Great and the Logistics of the Macedonian Army*, University of California Press, 1992.

[AG] Euclides, *Les Quinze Livres des Éléments géométriques d'Euclide*, tradução de D. Henrion, Imprimerie Isaac Dedin, 1632. [Em português, *Os elementos*, tradução de Irineu Bicudo, Unesp, 2009.]

[MN] L. Fibonacci, *Liber Abaci*, trechos traduzidos por A. Schärlig, https://www.bibnum.education.fr/sites/ default/files/texte_fibonacci.pdf

[ES] Galileu, *The Assayer*, tradução inglesa de S. Drake. http://www.princeton.edu/~hos/h291/assayer.htm [Em português, *Os pensadores: Galileu Galilei - O ensaiador*, tradução de Helda Barraco, Abril Cultural, 2005.]

[MG] R. P. Gomez e coletivo, *La Alhambra*, Epsilon, 1987.

[N] D. Guedj, *Zéro*, Pocket, 2008. [Em português, *Zero ou as cinco vidas de Aemer*, tradução de Dorothee de Bruchard, Companhia das Letras, 2008.]

B. Hauchecorne e D. Surreau, *Des mathématiciens de A à Z*, Ellipses, 1996.

B. Hauchecorne, *Les Mots & les Maths*, Ellipses, 2003.

[E] D. Hilbert, *Sur les problèmes futurs des mathématiques — Les 23 problèmes*, Éditions Jacques Gabay, 1990.

[EL] D. Hofstadter, *Gödel Esher Bach*, Dunod, 2000.

[AN] J. Høyrup, *L'Algèbre au temps de Babylone*, Vuibert — Adapt Snes, 2010.

[AN] J. Høyrup, *Les Origines — La mathématique, les lieux et les temps*, CNRS Éditions, 2009.

[A] Jamblique, *Vie de Pythagore*, La roue à livres, 2011.

[N] M. Keith com base em E. Poe, *Near a Raven*, http:// cadaeic.net/naraven.htm, 1995.

[MN] A. Keller, *Des devinettes mathématiques en Inde du Sud*, Maths Express au carrefour des cultures, 2014.

[MN] M. al-Khwarizmi, *Algebra*, tradução inglesa de Frederic Rosen, Oriental Translation Fund, 1831.

[A] D. Laërce, *Vie, doctrines et sentences des philosophes illustres*, GF-Flammarion. 1965. [Em português, *Vidas e doutrinas dos filósofos ilustres*, tradução de Mario da Gama Kury, UNB, 2008.]

[EP] M. Launay, *Urnes Interagissantes*, Tese de doutorado, Aix-Marseille Université, 2012.

[EG] B. Mandelbrot, *Les Objets fractals*, Champs Science, 2010.

S. Mehl, ChronoMath, chronologie et dictionnaire des mathématiques, http://serge.mehl.free.fr/

[M] M. Moyon, *Traduire les mathématiques en Andalus au XIIe siècle*, Maths Express au carrefour des cultures, 2014.

[EL] E. Nagel, J. R. Newman, K. Gödel e J.-Y. Girard, *Le Théorème de Gödel*, Points. 1997.

[RN] P. D. Napolitani, *La Renaissance italienne — La mathématique, les lieux et les temps*, CNRS Éditions, 2009.

[ES] I. Newton, *Principes mathématiques de la philosophie naturelle*, Dunod, 2011. [Em português *Princípios matemáticos de filosofia natural*, tradução de T. Ricci, L. G. Brunet, S. T. Gehring e M. H. C. Célia, Edusp, 2012.]

M. du Sautoy, *La Symétrie ou les Maths au clair de lune*, Éditions Héloïse d'Ormesson, 2012.

[EP] B. Pascal, *Traité du triangle arithmétique*, Guillaume Desprez, 1665.

A. Peters, *Histoire mondiale synchronoptique*, Éditions académiques de Suisse — Basileia.

[AG] Platão, *Timée*, GF-Flammarion, 1999. [Em português, *Timeu-Crítias*, tradução de Rodolfo Lopes, Annablume, 2013.]

[MN] K. Plofker, *L'Inde ancienne et médiévale — La mathématique, les lieux et les temps*, CNRS Éditions, 2009.
[E] H. Poincaré, *Science et Méthode*, Flammarion, 1908.
[EP] G. Pólya, *Sur quelques points de la théorie des probabilités*, Annales de l'Institut Henri Poincaré, 1930.
[AN] C. Proust, *Brève chronologie de l'histoire des mathématiques en Mésopotamie*, CultureMATH, http://culturemath.ens.fr/content/brève-chronologie-de-lhistoire-des-mathématiques-en-mésopotamie, 2006.
[AN] C. Proust, *Le Calcul sexagésimal en Mésopotamie*, CultureMATH, http://culturemath.ens.fr/content/le-calcul-sexagésimal-en-mésopotamie, 2005.
[AN] C. Proust, *Mathématiques en Mésopotamie, Images des mathématiques*, http://images.math.cnrs.fr/Mathematiques-en-Mesopotamie.html, 2014.
[A] Pitágoras, *Les Vers d'or*, Éditions Adyar, 2009.
[EL] B. Russell e A. N. Whitehead, *Principia Mathematica*, Merchant Books, 2009.
[AN] D. Schmandt-Besserat, *From accounting to Writing*, in B. A. Rafoth e D. L. Rubin, *The Social Construction of Written Communication*, Ablex Publishing Co, Norwood, 1988.
[AN] D. Schmandt-Besserat, *The Evolution of Writing*, Site pessoal do autor https://sites.utexas.edu/dsb/, 2014.
[RN] M. Serfati, *Le Secret et la Règle, La recherche de la vérité* (coletivo), ACL — Les éditions du Kangourou, 1999.
[EL] R. Smullyan, *Les Théorèmes d'incomplétude de Gödel*, Dunod, 2000.
[EL] R. Smullyan, *Quel est le titre de ce livre?*, Dunod, 1993.
[N] Stendhal, *Vie de Henry Brulard*, Folio classique, 1973.
[EL] A. Turing, *On computable numbers with an application to the entscheidungsproblem*, Proceedings of the London Mathematical Society, 1936.
[RN] F. Viète, *Introduction en l'art analytique*, tradução francesa de A. Vasset, 1630.

Este livro foi composto na tipografia
Adobe Garamond Pro, em corpo 11,5/16, e impresso
em papel off-set no Sistema Digital Instant Duplex
da Divisão Gráfica da Distribuidora Record.